四川省优势特色效益农业培训教材

# 烟叶

YAN YE

《四川省优势特色效益农业培训教材》编委会 编

电子科技大学出版社

图书在版编目（CIP）数据

烟叶 / 《四川省优势特色效益农业培训教材》编委会编. —成都：电子科技大学出版社，2011.12
（四川省优势特色效益农业培训教材）
ISBN 978-7-5647-1086-6
Ⅰ. ①烟… Ⅱ. ①四… Ⅲ. ①烟草－栽培技术 Ⅳ. ①S572

中国版本图书馆 CIP 数据核字（2011）第 268551 号

四川省优势特色效益农业培训教材

# 烟　叶

《四川省优势特色效益农业培训教材》编委会　编

出　　版：电子科技大学出版社（成都市一环路东一段 159 号电子信息产业大厦　邮编：610051）
策划编辑：吴艳玲
责任编辑：张　琴
主　　页：www.uestcp.com.cn
电子邮箱：uestcp@uestcp.com.cn
发　　行：新华书店经销
印　　刷：成都市火炬印务有限公司
成品尺寸：185mm×250mm　　印张　11.5　　字数 210 千字
版　　次：2011 年 12 月第一版
印　　次：2014 年 1 月第一次印刷
书　　号：ISBN 978-7-5647-1086-6
定　　价：28.00 元

四川省优势特色效益农业项目丛书

# 编写委员会

# 编者的话

为了贯彻落实党的十七届四中全会和省委九届七次全会精神，推进农业科技大培训、大示范、大推广“三大行动”，规范和指导各地新型农民科技培训和农技人员培训工作，更好地培养农村服务业、农产品加工业、地方特色产业、农民外出就业、农民创业中的新型农民，我们组织有关高等院校和科研院所以及长期从事农业技术推广工作的资深专家，编写了这套优势特色效益农业培训系列丛书，供各地开展对农业科技人员和新型农民培训时选用。该套丛书采用了国家最新标准、法定计量单位和最新名词、术语，并注重行业针对性和实用性，力求做到浅显易懂、图文并茂，让广大农业技术人员和农民朋友易于学习、掌握。丛书涵盖四川省种植业中的11个特色农业产业，是我国目前同类丛书中最新的一套培训教材。

由于编写时间较为仓促，我们在参考引用某些文献和图片时未能及时征得原作者的同意，原作者见书后，请与我们联系，以便我们寄奉稿酬或样书，并在今后修订时对书稿相关事项予以弥补。教材中难免存在不足和错误，诚望各位专家和广大读者批评指正。

《四川省优势特色效益农业培训教材》编委会

2011 年 12 月

# 目录

# 第一章 烟叶概论

## 第一节 四川烟草生产发展现状

四川省位于中国西南部的长江上游，是中国西南的腹地。地理位置介于东经97° 21′ ~108° 31′，北纬26° 31′ ~34° 19′。辖18个地级市、3个民族州，土地面积48.5万平方千米，总人口8 700万人。四川地貌类型以山地为主，山地和高原占全省81.4%。四川省具有种植烟草的丰富的土地、人力资源，且自然生态和社会条件良好，目前已发展成为全国重要的主产烟区。

### 一、四川烟草生产现状和特点

（一）四川烟草生产现状

2008年全省共种植烤烟126.43万亩(1亩=667平方米)；种植白肋烟2.3万亩；打造晒烟生产基地1.4万亩。2008年收购烤烟357.6万担，比2007年增长42.2%；收购白肋烟4.85万担；收购晒烟5.56万担，圆满完成国家烟草局下达的生产收购计划。这8年，四川烟草是一个规模快速扩大和生产水平大幅提高的重要时期，在全国烟叶生产环境形势出现不利因素的情况下，四川烟叶逆势而上，产生了质的飞跃，进入了全国前三位。2007年国家烟草局明确提出，要把四川打造成全国重要的战略性优质烟叶基地，四川省省委、省政府也要求实现四川由“两烟大省”向“两烟强省”转变的宏伟目标，并将烟叶产业纳入了全省着重发展的“十大特色产业”之中。因此，四川烟草生产发展正面临着前所未有的机遇。

（二）四川烟叶的特色风格

经过多年的样品检测和卷烟工业企业客户使用表明，四川烟叶香气质好，香气量足，劲头适中，吸味醇和，余味舒适，杂气少，刺激性小，燃烧性强，烟灰白色，适合不同卷烟品牌对烟叶风格的需要。攀西地区烟叶“清香型”风格突出，在名优卷烟品牌中起主导作用；川南烟叶体现“中偏清”山地烟叶风格特征，地方性杂气较少，烟气浓度较浓，烟叶可适性、配伍性及亲和性强；川北烟叶杂气少，体现配伍性强。四川烟叶的特色风格已初步形成，并得到卷烟工业企业的认同，从市场需求形势看，多年来四川烟叶均处于产销平衡，零库存，市场需求量逐年稳步增加与产销平衡局面。

(三) 四川烟叶主要化学成分的特征

经过多年对四川主产烟区凉山彝族自治州、攀枝花、泸州、宜宾、广元等地采集的烟叶样品化学成分的检测结果表明，总糖、还原糖、烟碱、蛋白质、氯等烟叶主要内在化学成分含量适中，钾含量平均2%以上，糖碱比、钾氯比、碱氮比适宜。评吸烟叶香气质好，香气量足，劲头适中，吸味醇和，余味舒适，杂气少，刺激性小，燃烧性强。白肋烟化学成分协调，外观质量表现成熟度好，身份适中，结构疏松，光泽鲜明。

(四) 四川烟草生产存在的主要问题

近年来，四川烟叶发展虽取得了突出成绩，仍然存在较多问题，主要表现在：一是发展不平衡。由于烟区地理、烟叶历史、资源状况等差异，使得各地烟叶发展基础、工作重点不同，造成发展不平衡。此外，技术措施到位率不平衡，个别地方随意性种植仍然存在，烟叶质量不稳定，有效供给水平不高，竞争力仍然不强，与全国先进水平相比存在着差距。二是烟叶生产基础仍然薄弱。一些收购站点条件简陋，设施落后，烟水配套工程建设不完善，灌溉用水不足，不能满足烟田水分需要。烟草生产区冰雹、旱、涝等灾害仍制约着大面积的平衡增产和总体水平的提高，抗御自然灾害的能力不强。三是用地与养地措施没有很好落实，掠夺式经营带来对植烟土壤环境的破坏，造成土壤板结，理化性状变劣。四是从业人员素质偏低，结构不合理，高层次专业人员缺乏，科研、技术推广体系不健全。烟农文化素质低，老龄化趋势严重，基层推广工作尤其是烟叶烘烤技术的推广应用难度较大，管理与服务难以跟上烟叶生产发展水平。五是生产投入水平不平衡，烟农收入总体水平不高，区域差异大，低水平生产。随着国家粮食上调及相应农业生产资料价格上涨，种烟效益降低，影响了种烟积极性。

## 二、四川现代烟草农业发展概况

四川省2007年全面启动现代烟草农业试点建设，全省共安排11个村进行现代烟草农业试点工作，其中凉山彝族自治州6个、攀枝花1个、泸州2个、宜宾1

个、广元 1 个。2008 年，全省 11 个现代烟草农业试点村建设总投资 2.5 亿元，其中烟草行业投资 2.1 亿元，开展了烟水工程、烟路工程、烤房建设、农业机械、烟田整治、新农村建设等项目(图 1–1)。试点村烟水配套覆盖面达 100%；密集烤房推广达 85.5%。除广元点(因地震原因，2008 年未统计)外，四川全省 10 个现代烟草农业试点共种植烤烟 32 334.4 亩，种烟农户 1 474 户，收购烟叶 104 773.4 担，亩产量 162.02 千克，亩产值 2 269.89 元，试点区烟农实现烟叶总收入 7 339.55 万元。全省 11 个试点村户平种植面积达 20 亩，远高于全省户平 8.76 亩水平。试点区以村、镇为单位，在育苗、机耕、植保、烘烤、分级等环节建立专业化服务队伍，实现了 100%专业化育苗、100%商品化供苗；机耕率达到 93. 1%，机械化起垄达到 76.1%；专业化植保达到 97.7%；密集化烘烤达到 71.66%。通过专业化分工和社会化服务，试点区亩用工降到 25 个以下，节约用工 12 ~ 14 个，减工降成本效果明显。

图 1–1　四川现代烟草农业发展

## 第二节　四川烟草产业区划

四川烟草区划应坚持以下原则：一是市场为导向，讲求效益的原则；二是因地制宜，发挥自然优势的原则；三是保护生态，坚持可持续发展的原则；四是统筹区域平衡发展，资源优势带动的原则。

### 一、四川烟草发展目标

计划四川烟叶生产收购规模在 2010 年达到 500 万担，在 2012 年达到 700 万担以上，具体发展目标规划为：2012 年，全省规划建设基本烟田 504 万亩，其中，凉山彝族自治州生产烤烟 420 万担，规划建设基本烟田 280 万亩，生产区域逐步由会理、会东、德昌、宁南、西昌、普格、冕宁、越西和盐源 9 个县(市)扩大到 15 个县(市)；攀枝花生产烤烟 80 万担，规划建设基本烟田 53 万亩，积极利用可开垦荒地，稳定优势区域，主要布局在米易、盐边和仁和两县一区；泸州生产烤烟 80 万担，规划建设基本烟田 57 万亩，主要分布在叙永和古蔺两县；宜宾生产烤烟 70 万担，规划建设基本烟田 50 万亩，主要分布在筠连、珙县和兴文三县，稳步开发屏山和长宁县新区；广元生产烤烟 40 万担，规划建设基本烟田 27 万亩，重点发展剑阁和元坝两县区，适度发展旺苍县适宜区；达州生产烤烟 10 万担，规划建设基本烟田 7 万亩，主要分布在达县。同时积极发展四川名优晾晒烟，达州生产白肋烟 20 万担，规划建设基本烟田 12 万亩；德阳生产晒烟 15 万担，规划基本烟田 8 万亩；攀枝花生产香料烟 10 万担，规划建设基本烟田 10 万亩，主要布局在盐边、米易和仁和的低海拔金沙江干热河谷地带。到 2012 年，四川全省将完成 33 个县、562 个乡镇、3 276 个村 504 万亩基本烟田的建设目标，建成烟叶种类齐全、特色鲜明的优质烤烟和名优晾晒烟生产基地。

## 二、四川烟草产业区划

以生态条件为基础，以市场为导向。四川烟叶生产布局规划为五个区域：

### (一) 川西南横断山山地河谷烤烟生产最适宜区(凉山彝族自治州、攀枝花)

分布于安宁河、雅砻江和越西河流域，含凉山彝族自治州会理、会东、德昌、宁南、西昌、普格、冕宁、越西和盐源 9 个县(市)，攀枝花米易、仁和、盐边 3 个(县、区)共 12 个县(市、区)，辖 277 个乡(镇)、1 262 个行政村。

此区域生态条件优越，是烟叶生长最适宜区，生产水平高，烟叶质量上乘，清香型风格突出，自然资源独特，是典型的资源开发区域，发展立体农业前景极其广阔，是优势的后发地区。到 2012 年，该区域共规划基本烟田 353 万亩，生产烤烟 500 万担。根据区域差异又规划为三个生产区。

#### 1. 安宁河中下游河谷、丘陵、低中山烤烟生产区

安宁河中下游与金沙江流域是四川最南河段的河谷、丘陵、低中山，位于凉山彝族自治州中南部，地貌类型为河谷、平坝、低中山和丘陵，海拔多为 1 300 ~ 2 000 米，属农业较发达区域。包括凉山的西昌、德昌、会理、会东、宁南、普格等县(市)，攀枝花的米易、仁和、盐边三县(区)。

区内年太阳辐射为 4 960 ~ 5 630 兆焦耳 / 平方米，年日照时数达 2 000 ~ 2 700

小时，年均温 14.2℃～20.3℃，≥10℃活动积温 4 697℃～6 223℃，≥20℃持续天数 80～172 天，年降水量 940～1 223. 2 毫米，无霜期 240～346 天，日照百分率 45%～59%，光热资源丰富，作物产量高，品质好。其河谷地带属南亚热带半干旱气候类型，光热富足，气候干暖而不燥热。土壤类型为冲积土、水稻土、紫色土、红壤、红色石灰土、红黄壤。土壤碱解氮丰富，速效磷较高，速效钾中等，硼缺少，部分锌、镁量不足，pH 值适中。南部地区水利设施主要以微型水利工程为主，中部安宁河流域水利设施较完备。

农业耕地 403.55 万亩，宜烟耕地 244.08 万亩，海拔在 1 500～2 000 米。2004 年烤烟面积为 33.44 万亩，占宜烟耕地的 13.7%。主要问题是低产田、河谷地区部分红壤地酸度大和干旱危害严重，尤其是在烟叶移栽期易出现干旱少雨。

2. 安宁河上游宽谷、越西河、漫滩河流域烤烟生产区

位于凉山彝族自治州北部，包括冕宁、越西两县。安宁河全线贯通，河谷宽敞，谷底平坦，地貌属中山宽谷，区内海拔多为 1 500～1 800 米，土地资源丰富。冕宁农田集中，人口密集，地势平坦，灌溉方便，是主要的农业生产区域。

气候属于康滇季风型亚热带类型，年太阳辐射量 4 290～5 630 兆焦耳 / 平方米，年日照时数 1 600～2 004 小时，≥10℃活动积温 4 075.5℃～4 113℃，≥20℃持续天数 58～153 天，年降水量 1 100～1 200 毫米，年均温 13.1℃～13.9℃，日照百分率 40%～45%，光热资源充裕，能满足大小春稻麦两熟需要。土壤类型为冲积土、水稻土、紫色土、黄红壤。土壤碱解氮中等，速效磷富裕，速效钾偏少，硼、锌、镁缺少，pH 值微酸。

农业耕地 71. 36 万亩，其中宜烟耕地 34. 38 万亩。本区冬炕田多，有干旱危害，时有冰雹灾害，土壤侵蚀较严重，烟叶苗期低温频繁。可通过加强河道整治，种植绿肥增加土壤有机质改良土壤。

3. 雅砻江流域、低中山烤烟生产区

位于凉山彝族自治州中西部，包括盐源县和西昌市、德昌县部分乡(镇)。地貌类型主要为河谷、低中山，区内海拔多为 1 300～2 000 米。

年太阳辐射量 4 960～6 300 兆焦耳 / 平方米，年日照时数 1 900～2 700 小时，年均温 12.3℃～18.8℃，≥10℃活动积温 4 880℃～6 050℃，≥20℃持续天数 120～160 天，年降水量 950～1 200 毫米，无霜期达 270～310 天，日照百分率为 45%～59%。土壤类型为冲积土、紫色土、红壤、黄红壤。土壤碱解氮中等，速效磷中等，速效钾中等，有机质较少，硼、锌、镁缺少，pH 值适中。

有农业耕地 80.65 万亩，其中宜烟耕地 21.89 万亩。主要问题是移栽期易干旱。

区内目前没有纳入规划范围的有凉山的昭觉、布拖、美姑、金阳和雅安的汉源、石棉等6个县，地理位置与烟叶产县接近，气候相似，具备良好生态条件，是可发展潜力区域。

（二）四川盆地南部亚热带烤烟生产最适宜区(泸州、宜宾)

包括泸州叙永、古蔺，宜宾的筠连、珙县、兴文县共5个县，53个乡(镇)。地貌为低山和丘陵，海拔800～1 200米。区内年均温18℃，≥10℃积温5 000℃以上，无霜期300天以上，日均温≥20℃持续天数102～150天，年降雨量1 100～1 200毫米，主要集中在6～9月，年日照时数1 120小时左右，4～9月月平均日照时数为130～230小时。气候温和，雨量充沛，无霜期长，光照适宜，四季分明，雨热同季，同时具春早气温、土温回升快等特点。土壤类型以黄壤、黄沙壤、火石土及石灰土为主。土壤酸碱适宜，有效氮、磷、钾含量中等，缺少硼，部分地方缺少锌、镁，黄沙壤和火石土质地良好，土壤条件适宜。

所处位置为云贵高原过渡地带，烟叶风格介于清香型和中间香型之间。生产水平高的地区，烟叶质量上乘，可作为主料烟使用。

区内土地面积472.28万亩，宜烟耕地221万亩。2012年规划基本烟田107万亩，生产收购烤烟150万担。存在的主要问题是，盛夏易发生高温少雨及伏旱。

（三）盆北丘陵紫色土烤烟生产适宜区(广元)

此区域为广元市剑阁县、元坝区，24个乡(镇)。地貌为低山丘陵，谷坡中部平坦，多形成较宽大坪地。烟叶种植集中在台地、坡地和缓坡地，海拔800～1 100米，耕地资源极其丰富，烟叶种植集中度高。

年平均积温5 451.1℃，年平均气温14.9℃，≥10℃积温4 579.4℃，≥22℃的天数达90～120天，无霜期长达250～270天。降雨量1 086.6毫米，夏季平均降雨597.7毫米，占55%，大田期间日照时数500～800小时。土壤多为紫色土、黄壤，土层深厚，结构良好，土壤通气性适中，氮、磷、钾含量中等，pH值在5.5～7以内。

区域内森林面积大，农田气候稳定。本区可生产优质填充料烟叶。区内适宜种烟面积60万亩以上，到2012年规划基本烟田27万亩，收购烤烟40万担。存在问题主要表现为部分土壤pH偏高，日照时数略显不足，雨水四季分配不均，石骨子和沙土烟叶移栽时缺水，时有干旱影响。

（四）盆边东北白肋烟生产最适宜区(达州)

包括宣汉、万源、开江3个县的25个乡(镇)。该区域内日照充足，热量丰富，雨量充沛，土壤以黄壤土、紫色土、沙壤土为主，海拔在500～1 200米，土地面积宽，宜烟面积大。种植白肋烟条件优越，属白肋烟最适宜区。区内地势平坦、pH值适宜、质地疏松、土层深厚肥沃、光照充足，宜烟面积55万亩，这部分耕地海拔在500~600米的占15%，700~1 100米区域占75%，1 200米以上区域占10%。

种植规模、收购量以市场为导向，根据市场需求确定，实行“以销定购、以购定产”原则。2012年规划基本烟田7万亩，收购烤烟10万担。

（五）名优晾晒烟生产适宜区(达州、德阳、攀枝花)

2012年四川晾晒烟区发展规划为：达州生产白肋烟20万担，规划建设基本烟田12万亩。德阳生产晒烟15万担，规划建设基本烟田8万亩。攀枝花生产香料烟10万担，规划建设基本烟田10万亩，主要布局在盐边、米易、仁和两县一区的低海拔金沙江干热河谷地带。2012年将四川建成烟叶品类齐全、特色鲜明的名优晾晒烟生产基地。

第二章

# 烟草栽培

第一节

## 烟草对环境条件的要求

(一) 温度

烤烟地上部分的温度要求 8℃~38℃，大田期最适温度 22℃~28℃。地下部分，即根系适应的温度在 7℃~43 ℃之间，最适温度为 29℃~31℃。

烤烟生长期大于 10℃的积温要求不低于 2 600℃，成熟期的温度不低于 20℃，以 24℃~25℃且持续 30 天左右较为有利。

(二) 光照

烟株生长期内至少需要有 120 天无霜期；烤烟大田期日照时数最好达到 500~700 小时，收烤烟期达到 280~300 小时。

(三) 土壤

烟区土壤海拔高度 1 300~2 200 米。土壤质地为微黏壤土、壤土、沙壤土；田烟耕作层大于 25 厘米，地烟大于 20 厘米；pH 值 5.0~7.5，有机质含量 1.0%~4. 0%；0~60 厘米土壤含氯量小于 30 毫克 / 千克。

(四) 烤烟生长的不宜环境条件

海拔大于 2 200 米；9 月上旬平均气温小于 17℃；土壤长期渍水，0~60 厘米内土壤含氯量大于 30 毫克 / 千克，pH 值小于 5. 0 或大于 8. 0。

第二节

## 烟草的主要形态特征

烟草属于茄科双子叶植物。烟草的形态结构与生理功能有着密切的关系，而烟草栽培技术是在研究烟草形态结构和生理功能的基础上发展起来的。

### 一、种子及幼苗

烟草种子一般为黄褐色，形态不一，由圆形到椭圆形，甚至显著的细长形。普通烟草种子长 650 ~ 800 微米，宽 450 ~ 500 微米。1 克种子为 1 万 ~1.5 万粒，千粒重 60 ~ 100 毫克。

烟草种子萌发后，胚根不断伸长，长出两片子叶，当两片子叶完全平展时称为出苗。烟草出苗后 6 ~ 7 天长出第一片真叶，并开始产生侧根，随之第二片真叶开始出现。之后幼苗的生长加快，侧根增加，地上部分每隔 3 ~ 5 天可产生一片真叶。待幼苗根系比较发达，茎叶生长开始加快，形成适于移栽的烟苗。（图 2-1）

### 二、根

烟草属于直根系植物，根系呈圆锥形，因移栽或排苗假植时主根被切断，侧根大量发生。烟草的根有主根、侧根和不定根三部分。据测定，烟草根系密集深度为 16 ~ 50 厘米，密集宽度为 25 ~ 28 厘米，有 70% ~ 80%的根系分布在此范围内（图 2-2）。

根的生理作用：吸收作用、合成作用、支持作用。

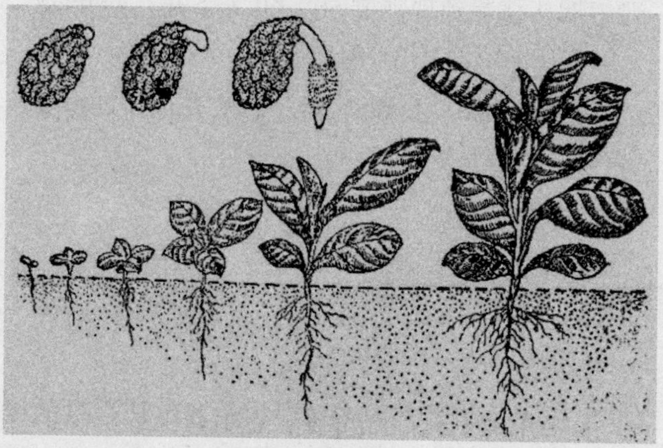

图 2-1　烟草种子萌发及幼苗形成

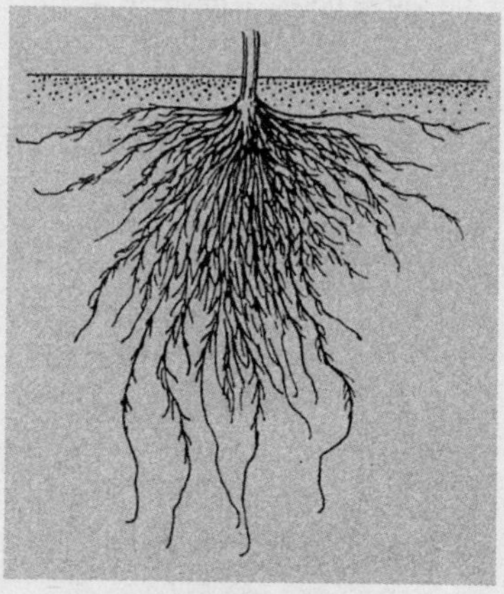

图 2-2　烟草的根系

### 三、茎

烟草的茎为圆柱形，直立，一般为鲜绿色，年老时呈黄绿色。幼茎内充满了发达的髓体，可以储存养料，表皮鲜绿色，可以进行光合作用。茎的节上着生叶片，节与节之间的距离称为节距。茎的构造由表皮、皮层和中柱组成。

茎的生理作用：输导作用、支撑作用、贮藏作用。

### 四、叶

烟草的叶为不完全叶，没有托叶，普通烟草大部分品种没有叶柄，只有黄花烟草和少数晒烟品种有叶柄。

烟草的叶形有很多变化，烤烟的叶形以椭圆形居多，也有宽椭圆形、长椭圆形和卵圆形。晒烟的叶形有宽卵圆形、卵圆形、长卵圆形和披针形。香料烟的叶形主要是宽卵圆形。黄花烟的叶形多为心脏形。

烟草的叶色一般为绿色，但有深浅、浓淡之别。其中黄花烟草的叶色较深，而白肋烟的叶色最浅。栽培上，肥水充足时叶色深，反之则浅；随着烟叶成熟，叶色褪绿变黄，其落黄程度是判断烟叶成熟度的重要依据之一。

烟草叶片的大小随烟草类型、部位和栽培条件不同而变化。一般野生种的叶片比栽培种小。不同烟草类型，以香料烟和黄花烟的叶片小，烤烟、白肋烟和雪茄的叶片较大。

叶片的主要生理功能：光合作用、蒸腾作用、吸收作用。

### 五、花及果实

烟草的花为两性完全花。一般烤烟从移栽到现蕾要 50 ~ 60 天，开花期共 28 ~ 33 天。

果实为蒴果，卵圆形，稍尖。一般含 2 000 ~ 3 000 粒种子。从开花到果实成熟需 1 个月左右。

## 第三节 烟草的生长发育过程

烟草的整个生命周期包括营养生长和生殖生长两个阶段，营养生长是量的增加，生殖生长是质的飞跃。但从生产过程来讲，从播种到收获分为苗床期和大田期两个栽培过程，根据烟株的生长发育和对环境条件要求的不同又分为八个生育期。

## 一、育苗期

从播种到成苗到移栽，这段时间为苗床期，因环境条件、育苗方式和管理技术不同，长短相差较大，四川为 70～80 天。根据幼苗的形态特征及地上、地下部分的动态变化，可大致划分为出苗期、十字期、猫耳期和成苗期四个生育时期。

### （一）出苗期

从播种到两片子叶展开为出苗期，50%烟苗两片子叶平展称出苗（图 2–3）。影响出苗的因素主要有温度、水分、氧气。出苗的最适温度为 25℃～28℃，最低温度 10℃～12℃，＜10℃时萌动很缓慢，＜2℃时遭受冻害；最高温度为 35℃，＞35℃时遭受灼伤。28℃～35℃间萌发快，但出苗不整齐。保持田间最大持水量的 80%，苗床 6 厘米以下的土壤保持湿润而不是潮湿，并不是烟草种子出苗的必要条件，但对出苗有一定的促进作用，特别是萌发初期。

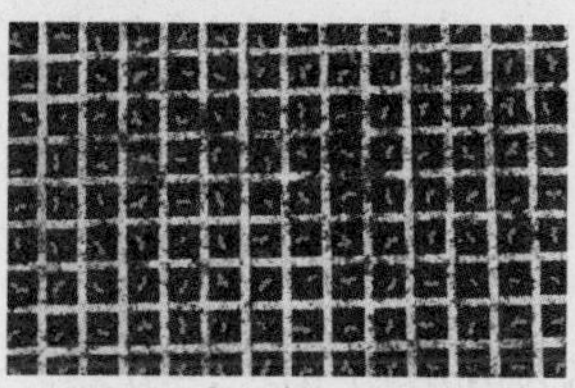

图 2–3　烟苗出苗期

图 2–4　烟苗十字期

### （二）十字期

从第一片真叶出现，到第五片真叶出生，称“十字期”。当第一、二两片真叶出现并与两片子叶交叉形成十字形时，称为“小十字”。第三、四片真叶与第一、二片真叶交叉形成较大的十字形称为“大十字”（图 2–4）。

随着真叶陆续出现，侧根不断发生，烟苗开始进行独立生活，但第一、二片真叶叶脉不明显，合成能力不高，此时幼苗输导组织刚刚开始发育，侧根产生数量少，叶片的合成能力和根系吸收能力都很弱，光合产物合成不多，幼苗生长缓慢，抗逆力弱，需要精细管理。当烟苗进入大十字期后，生长逐渐加快，对光、肥有一定要求，要保证烟苗有一定的营养面积，保持苗色鲜绿，此时要进行间苗，施肥。

### （三）猫耳期

从第五片真叶出现到第七片真叶出生，第三和第四片真叶（最大叶）略向上，像猫耳朵，称猫耳期（图 2–5）。

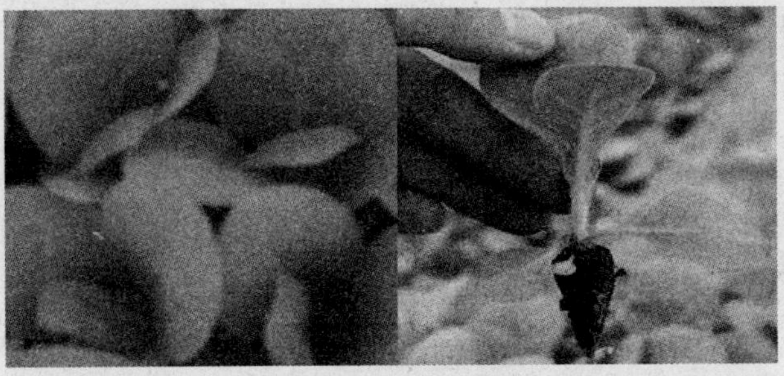

图 2-5 烟苗猫耳期

此时幼苗合成能力提高，但叶面积不大，前期的主要功能叶为初生叶，后期则为第三至第五片真叶，叶片脉网已形成，输导组织已完善。根系发育很快，主根明显加粗，一次侧根大量发生，二次或三次侧根陆续长出。此时生长中心在地下部，地上部生长很慢，应促进根系生长。

猫耳期已有完整的根系，地上茎叶开始进入迅速生长阶段，具有一定的抗逆力，对光、肥、水有更多的要求。

（四）成苗期

从第八片真叶出现到烟苗有一定苗型，可以移栽时，称为成苗期（图 2-6）。

图 2-6 烟苗成苗期

成苗期的生长中心转移至地上部，根系继续发育，地上部分的生长逐渐超过地下部分。成苗期烟苗已有完整根系，输导组织基本健全，吸收合成能力均已增强，幼苗生长快，叶面积扩大，茎的生长迅速，对光、肥、水都有较高要求，要保证肥水供应。对于漂浮育苗，此期要注意进行剪叶，促进根系的发育，且移栽前要炼苗。

对于常规育苗而言，出苗期、十字期均在母床内度过，在烟苗十字期后的猫耳期、成苗期在营养袋内生长。

## 二、大田期

从移栽到采烤结束称为大田期，在四川省需要 100 ~ 120 天。大田期又分为还苗期、伸根期、旺长期和成熟期 4 个生育时期。

（一）还苗期

从移栽到成活这段时间称还苗期。需要 7 天左右。

移栽时因扯断烟苗主根，影响吸收机能，但地上茎叶蒸腾作用照常进行，从而引起烟株体内水分亏缺，以致生长停滞，直到新根发生到一定程度后，才能恢复生长。还苗期的长短与烟苗发育及移栽技术密切相关，要选壮苗移栽，浇足还苗水（定根水），加速生根，保证成活。

（二）伸根期

从成活到团棵称为伸根期，需要 25 ~ 30 天。烟苗移栽成活后，茎叶开始生长，新叶不断出现，初期茎很短生长也很慢，在新长出 4 ~ 5 片叶子，最大叶有巴掌大，向地面展开时称为“摆小盘”。接着叶面积增大，新叶也增加到七八片，叶片仍集聚地面，称为“摆大盘”。随着新叶不断出现，茎开始伸长加粗，这时高度为 30 厘米左右，株形近似球形，称为团棵（图 2-7）。由于茎开始伸长加粗，所以烟农也叫“发泡杆”。

图 2-7　烟株伸根期

伸根期仍以根系生长为主，但茎叶生长逐渐加快，到了后期茎叶的生长与根系的生长相似。这一时期主要是为旺盛生长做储备，也是栽培管理上的一个重要时期。促进根系的生长，中耕除草、施肥、培土都集中在这一阶段。

（三）旺长期

从团棵到现蕾称为旺长期（图 2-8）。团棵以后，茎叶生长迅速，甚至成直线上升，25～30天就可现蕾，长成完整的烟株。由于烟株在一个月内株高由30厘米长到100厘米左右，群众说“烟疯子”，指的就是这个时期。

图 2-8　烟株旺长期

烟株团棵不久，叶芽停止分化，茎生长锥开始分化成花序原始体，这一时期是营养生长与生殖生长并进的时期，茎基部发生不定根，数量大增，茎秆迅速生长膨大，新叶不断出现，叶面积迅速扩展，光合产物积累增多，是决定烟叶产量和品质的关键时期。

旺长期管理既要促进茎叶的旺盛生长，又要保证充分的光照。这期间茎叶生长快，个体与群体，光合面积与光照条件的矛盾显得特别突出，如何解决矛盾是烤烟优质高产的关键。因此栽烟的密度、方式、施肥和水浆的调控显得尤为重要。

（四）成熟期

从现蕾到叶片采收结束称为成熟期（图 2-9）。从生理角度看，还包括开花结果、种子成熟采收的过程。

图 2-9　烟株成熟期

现蕾以后，烟草由营养生长转入生殖生长，叶片自下而上逐渐成熟。由于花蕾的生长不利于烟叶的增产增质，因此栽培管理上应控制生殖生长和腋芽的发生，采取封顶打杈，改善光照条件，促进叶片成熟的措施。叶片生长过程是，幼叶生长→旺盛生长→生理成熟→工艺成熟。

1. 生理成熟

此时产量最高，干物质积累最多，叶面积定型，但品质未达到最佳状态。

2. 工艺成熟

内含物开始转化、分解，组织疏松，游离氮减少，与香气吃味有关的物质增加，产量有所下降，但品质最佳。

3. 过熟

叶片内储存的物质逐渐分解，部分可溶性物质被上部正在生长的叶片或花蕾夺取，叶片变黄变薄。叶片薄、颜色淡、重量轻、品质劣是其重要表现。

## 第四节 烟草产量与品质

烟草的产量与品质是烟草的重要经济指标，两者有着密切的辩证关系。在一定产量范围内，烟叶品质随产量的增加而提高，但产量超过一定范围，烟叶品质反而随之下降。

### 一、烟草的产量

（一）经济产量

经济产量指单位面积上烟叶的干重，由每亩株数、单株叶数和单叶重构成。提高经济产量有三种途径。

1. 增加单位面积株数

在保证单株留叶数不变的情况下，增加单位面积上的株数，产量持续增加，但是密植过度，增产的效应反而下降，这时因为株数超过一定范围，烟株对营养的竞争作用，导致单叶重下降，烟叶内含物减少，烟叶品质降低。烤烟适宜密度为 1 000 ~ 1 200 株 / 亩。

2. 增加单株叶数

在保证单位面积株数不变的情况下，增加单株留叶数，烟叶的产量大幅度提高，但超过一定的叶数范围，产量也会降低，因为单株叶数超过一定范围后，烟田群体的片层结构发生变化，单叶重会随单株留叶数的增加而降低，造成叶小、叶薄、内含物质不充实，烟叶品质降低。烤烟单株适宜留叶数为 18 ~ 22 片。

3. 增加单叶重

把单株叶数控制在 18 ~ 22 片，栽烟密度 1 000 ~ 1 200 株 / 亩，充分利用光照、温度、降雨条件，提高营养水平增加产量是获得烟草优质丰产的重要途径。把单叶面积提高到约 1 000 平方厘米，单叶重提高到 6 ~ 10 克，即可获得较为理想的烟叶产量。单叶重小于 6 克，叶片色淡片薄，高于 14 克，则叶片厚而粗糙，烟碱含量过高，烟气刺激性大，烟叶质量差。

（二）生物产量

单位面积上烟株各器官干重之和，即构成生物产量。

（三）经济系数

烟草经济产量与生物学产量之比，称经济系数。一般约为 0.5 左右。

（四）影响烟叶产量构成的主要因素

1. 品种

不同品种的植物学特性、烟叶的物理性状、烟叶内在化学成分都有相对稳定的遗传性，如单株叶数和叶片形状。一般而言，抗性强、叶数相对较多的品种，可以获得较高的产量。

2. 种植密度

植株密度对烟草产量影响很大，加大种植密度，单位土地面积上株数增加，使总叶面积有所增加，产量随之增加，但是密度过大往往导致烟叶品质严重下降，烟叶可用性降低，反而违背烟叶生产的目的；过多扩大行株距，叶片充实度虽可增大，但因密度减小，最终仍会导致产低质劣，烟叶可用性降低。

3. 水肥条件

烟叶良好的生长需要适宜的水肥条件。为了提高产量而增大水肥供应量，虽可以使烟株生长旺盛，但容易造成后期烟叶不易落黄成熟，难以调制，烤后烟叶质量低劣。但若水肥跟不上，则影响烟株正常生长，烟叶发育不良，致使产量降低，品质下降。

4. 调制技术

烟叶的潜在产量和优良品质只有通过调制过程方能显现出来。采收技术和调制方法对烟叶产量和品质都有十分显著的影响。要使烟叶优质稳产，在烟田做好肥水调控的基础上，必须把好调制质量关。

## 二、烟草的质量

烟草质量是消费者对烟叶燃烧后烟气特性的综合反映，被人们接受程度高的即为质量好。概括地讲，烟叶品质是消费者对烟叶燃吸过程中所产生的香气、劲头、吃味、刺激性等几个主要因素的综合感受和吸烟安全性的综合评价。

（一）烟叶的外观质量

外观质量指人们的感官直接感触和判断识别的烟叶外观因素，又称外观特性。

外观质量包括：部位、颜色、光泽、成熟度、油分和弹性、色度、长度、厚度、病斑破损、杂色、身份等。

1. 成熟度

成熟度是烟叶在田间发育过程中形成质量水平的反映，成熟度好的烟叶颜色均匀一致，叶片正反面颜色差异小，油分足，色度浓，香气质好量足，吃味醇和，杂气和刺激性小；未成熟的烟叶调制后带青或有潜在浮青，缺乏光泽，组织粗糙或平滑，出丝率低。

2. 身份

身份指烟叶的组织构造密度，即叶肉细胞的大小及其排列的疏密程度。通常身份厚的烟叶油分足，香味好，轻质、片薄的烟叶往往色淡、少香无味，叶片过厚的烟叶，油分差，虽身份较好但也不是优质烟叶。

3. 颜色

烤烟最佳颜色为橘色，而且在贮藏中不褪色；白肋烟和香料烟要求咖啡色；黄花烟叶片调制后要求叶片呈绿或黄绿色。

4. 叶片的大小和形状

烟叶的大小和形状因烟草类型而不同。如雪茄外包皮叶要求长度适中而宽度较大；香料烟叶长度不宜超过 14 厘米。某些晒晾烟，叶片过长反而对质量不利。通常认为在香料烟和烤烟等类型中，适中偏小的叶片比大型叶片的香气吃味要好。至于叶形，有人认为烤烟窄叶形品种的香味浓度通常大于宽叶形品种。

5. 部位

同一株上着生部位不同的烟叶，由于光照条件和营养条件及成熟时环境条件等不同，其物理和化学性状有着明显的差别。一般认为烤烟的腰叶和腰叶偏上部位（上二棚）叶片质量最好；香料烟由于种植密度较大（24 万株 / 亩左右），以顶叶质量最好；白肋烟以下二棚和腰叶为卷烟的最好原料。

6. 杂色和破损

带有杂色的烟叶，香气质差量少，杂气增多，刺激性增大。破损对烟叶品质的影响表现在使叶组织破坏，不但损害烟叶的某些化学品质而且失去成丝的韧性，以致叶脉占的比重增加，降低烟叶的可用性。

（二）烟叶的内在质量

烟叶内在质量又称烟质。指烟叶或烟丝通过燃烧所产生的烟气的特征特性，包括烟叶各种化学成分的数量和协调性、烟叶燃吸时的香气、吃味、劲头、刺激性等烟气质量的优劣和安全性。衡量烟气质量的因素很多，但总的泛指香气和吸味两项。

1. 香气

香气是给人以愉快与舒适的气相物质在鼻腔里的生理反应。由香气类型、香气质、香气量三个方面组成。

(1) 香气类型。通常根据生态环境对烟叶质量的影响，习惯地把香气类型分为：清香型（云南烟叶、四川攀西地区烟叶）、浓香型（河南烟叶）和中间型（贵州、山东的烟叶）。

一般来说，同一类型香气的烟叶又分调香型和中间型两种。调香型指具有浓郁的香气和香味，能直接增进烟制品的香气，在烟制品的配方中起主导作用，具有这种浓郁香气的烟叶在烤烟中称为主料烟；中间型（又称填充型）指这种烟叶香气不突出，味平淡，但填充价值高，燃烧性好。

(2) 香气质。指香气本身质量的好坏。质量好的香气芳香宜人。

(3) 香气量。指烟气中香气占有量的多少，好的香气，愈充足者愈好。

(4) 杂气。烟支燃烧时，烟气里除产生香气外，还伴随有各种不良的气味，这些不良的气味称为杂气。杂气的种类很多，主要包括以下几种：

①青杂气。生青气或青草气，青黄烟和带青色的烟叶具有的一种杂气。

②生杂气。刚收烤后而未经存放发酵的烟叶具有的生烟气息。

③木质气。多存在下部叶中，因纤维素较多，燃烧后产生一种似烧木头的气味。

④枯焦气。枯焦（黑槽），病斑烟叶燃烧时所带的类似烧焦的气息。

⑤土腥气或土怪气。由于栽培环境关系而具有的一种令人不愉快的气息。

⑥松脂气。类似松脂的气息。

⑦地方性杂气。某些地区烟叶所带有的一种特殊不良的气息。

2. 吸味

(1) 劲头。又称生理强度，即燃吸者对烟气的综合感受。反映为“过瘾”或“不过瘾”，“劲大”或“劲小”。劲头与烟碱（尼古丁）含量成正比关系。

(2) 刺激性。指燃吸时烟气对鼻腔、喉部、口腔的刺激反应状态。刺激性主要与挥发碱类等含氮化合物有关。

(3) 吃味浓度。指吸烟时感觉到的烟气浓淡程度，它与烟叶内总组分物之间协调平衡程度有关。

(4) 余味。指吸烟过程中烟气微粒沉降在舌与口腔中的一种爽快与否的感觉。余味的好坏直接影响吸烟者的精神愉快状态。余味有纯净舒适，不舒适，稍苦涩，以及甜、苦酸、辣、烫等区别，以纯净舒适略带甜者为好，不舒适及苦涩者为差。

（三）烟叶的化学成分

烟叶中的化学成分按组成及化学性质可分为：非含氮化合物、含氮化合物、矿物质等。

1. 非含氮化合物（主要为碳水化合物）

烟叶在工艺成熟期，碳水化合物的含量很高，可达干重的40%～45%，在调制过程中，这类物质将发生很大的变化，烟叶的品质也随之发生改变。

(1) 单糖。主要是葡萄糖和果糖，能耐外面的压力而避免破碎，还能降低由于蛋白质燃烧所产生的不良气味和减少烟叶的刺激性。

(2) 双糖。主要包括麦芽糖和蔗糖，蔗糖属于非还原糖，麦芽糖属于还原糖，在烟叶内含量不多，对烟叶的品质关系不大。

(3) 淀粉。淀粉能影响烟叶的燃烧性，但在调制过程中趋向于分解为有利于品质的单糖。就烤烟而言，烘烤后的烟叶，淀粉含量很少。

(4) 纤维素。烟叶中含有相当数量的纤维素，约为烟叶干重的12%～13%，细胞壁主要是由纤维素组成。含纤维素多的烟叶，组织粗糙，容易破碎，影响品质，吸湿性较强，所以纤维素含量多的烟叶不耐贮藏。

(5) 果胶质。是烟叶细胞壁的组成物质之一，不属于碳水化合物，是亲水胶体，对烟叶的弹性和吸湿性起一定的作用。在发酵过程中，部分分解，发酵可以改变烟叶的物理性质。

(6) 有机酸。如草酸、苹果酸和柠檬酸等，以苹果酸和柠檬酸的含量较多，是碳水化合物的中间产物。对烟叶品质没有大的影响。

(7) 芳香油、树脂及蜡。是形成烟叶芳香气味的因素之一，都属于石油醚提取物。香气一是由烟叶直接产生，与烟叶中所含挥发芳香油有关；二是燃烧时产生，与烟叶所含的树脂有关。树脂含量随叶片在茎上着生的部位上升而增加，品质优良的烟叶芳香油含量较多。

(8) 多酚类。在调制过程中，由于氧化的结果，会使烟叶的颜色加深，多酚类物质含量的多少与颜色的深浅是一致的。多酚类在燃烧时也能发出一定的香气，烟叶发酵后颜色变深，香气变好，与多酚类有一定的关系。

2. 含氮化合物

主要包括蛋白质、氨基酸、植物碱、酶及色素等。

(1) 蛋白质。是植物细胞中原生质的主要组成物质，烟株蛋白质的含量由下而上逐渐增多，在调制过程中，蛋白质逐渐分解而减少，一般烘烤后的上等烟叶含量在 8%～10%。蛋白质含量过多，燃烧时发出难闻的气味，而且燃烧性能不良，制成品吸味苦涩、辛辣；蛋白质含量过少，吸用时感觉不够丰满充实，劲头不足。

（2）氨基酸。在鲜烟叶中，含量为 0.4%～0.7%，主要是蛋白质的分解产物，在烘烤过程中约有 50%的蛋白质转化为氨基酸，少量的氨基酸可以增加烟叶的吃味强度，但含量过多，则产生一种令人不愉快的辛辣味，降低品质。

（3）植物碱。烟叶中主要是烟碱，又称尼古丁，它使人们在吸烟时感到兴奋。烟碱含量应适中，过高则刺激性较强。

（4）色素。主要包括叶绿素和类胡萝卜素。

3. 矿物质

烟叶燃烧时各种有机物质随高温燃烧而分解挥发或随水分蒸发而逸失外，余下的灰分中的钙（Ca）、钾（K）、镁（Mg）、硫（S）、磷（P）、氯（Cl）、锰（Mn）等都属于矿物质，它们在烟草生育过程中起一定的作用。在干烟中的含量多少，对烟叶的燃烧力和烟灰颜色等有一定的影响。钾对烟叶的燃烧力和阴燃持火性有很大的改进，叶片中含钾多时，叶片柔和、组织细致，并能改进烟叶的外观，燃烧后灰色发白而燃烧完全。镁对烟叶燃烧后的灰分的颜色有一定的影响，含镁过多，颜色灰暗。氯主要影响烟叶的燃烧性能，含量在 1%左右，燃烧性降低或黑灰，发生熄火，含量在 2%以上，就会妨碍植株体内碳水化合物的代谢作用，引起淀粉大量积累，使叶片增厚、变脆，调制时大量淀粉不易分解而降低燃烧力，因而在烟叶栽培时，忌用含氯的水源、肥源等。

4. 烟叶化学成分指标

烟叶化学成分要有适宜的含量，一般要求优质烟叶的总糖含量 18%～22%，还原糖 16%～18%，还原糖与总糖的比值大于 0.9，总氮含量 1.5%～3.5%，烟碱 1.5%～3.5%，蛋白质 8%～10%，钾 2%以上，氯 1%以下。

（1）糖蛋比（总糖 / 蛋白质）。又称施木克值。反映吃味优劣与酸碱协调程度。一般以 2～2.5 为宜。

（2）糖碱比（总糖 / 烟碱）。反映劲头与吃味的醇和性，以 10 左右为宜，比值小于 5 时，刺激性大，并有苦味，比值超过 15 时，烟味虽醇和，但生理强度不足。

（3）氮碱比（总氮 / 烟碱）。与香气有关，以 1 左右为宜。总氮含量高的烟叶，会产生一种强烈辛辣烟气，而总氮含量低的烟叶则平淡无味。

（4）焦油烟碱比（焦油 / 烟碱）。与安全性有关，以 6～15 为宜。

（5）钾氯比。4～10 为宜。氯离子含量高影响燃烧性，钾的含量以高为好，可以改进燃烧性。

（四）烟叶的物理特性

1. 燃烧性

烟支的燃烧性包括阴燃性和灰色。阴燃性（阴燃值）指无明火燃烧的烟叶，继续阴燃持火的能力。持火力极短或基本上无持火能力者被认为是熄火烟，为不合格品，一般要求阴燃时间在 2 秒以上者。

(1) 阴燃性。包括燃烧速度、完全性、均匀性和阴燃持火能力。

(2) 灰色。指烟叶及烟制品燃烧后剩余烟灰的颜色，灰色有白、灰白、灰黑、黑。白色者最好，灰白次之，两者燃烧性均强。黑色最差，燃烧性不好，阴燃值小于 1 秒。烟灰还要求聚集性好，不过早散落或飞散为佳。

2. 吸湿性

烟叶属于毛细管多孔体的胶体物质，其组织很像一种胶质海绵体，这种组织状态的烟叶具有从大气中吸收水分和向大气中散发水分的特性，称为烟叶的吸湿性。吸湿性与外界环境条件、烟叶质量和部位有关。

3. 填充性

又称填充能力，系指单位重量的烟丝在标准压力下所占的体积，通常用立方厘米 / 克表示。质量好的烟叶填充能力较小，质量差的烟叶填充能力大。

4. 弹性

烟叶在一定的湿润条件下具有的能够拉伸并复原的程度称弹性。质量愈好，油分愈好者，弹性愈强，反之则愈弱。

5. 单位面积重量

平衡水分后单位面积烟叶的压强。一般用克 / 平方米或克 / 平方厘米。叶片愈厚，密度愈高者，单位面积重量大，反之则小。

6. 含梗率

指烟叶里烟梗占有的比例，用百分比表示。

（五）烟叶的安全性（又称烟叶卫生）

1. 烟叶的毒性

烟叶的毒性来自三个方面：一是烟叶生产过程中农药残毒和霉菌污染；二是烟叶中重金属砷、铅、汞和镉等的含量；三是烟叶本身所含的有害物质，如焦油和醛、酮、醇类的亚硝基化合物等。

2. 提高卷烟安全性的途径

农业方面：通过一系列最优化的合理栽培措施，来改善卷烟的燃烧性，从而提高安全性；培育低焦油烟草品种；大田期慎用大粪及含氯的化肥；发展晒晾烟，为混合型卷烟提供原料；施用低毒少量的农药，减少烟叶中农药残毒。

工业方面：在烟支上增加过滤嘴；增加卷烟孔隙度，改善燃烧性；在卷烟盘纸上打孔；发展膨胀烟丝；发展烟叶薄片；卷制混合型卷烟。

## 三、优质烤烟的株型及群体长相

### (一) 个体形态指标

#### 1. 株形

株形分为腰鼓形或似筒形、塔形和倒塔形或伞形三种。优质烤烟的最佳株形是似筒形或腰鼓形，不同叶位的叶片大小为：脚叶小于腰叶，腰叶大于顶叶，整个烟株的外形似筒状或腰鼓状。

#### 2. 株高和采收叶数

打顶后株高为 100 ~ 120 厘米。

目前烤烟栽培品种的单株总叶数为 28 ~ 35 片。采收叶数是一种调控技术，一般有效留叶数 18 ~ 22 片。但可视烤烟品种、烟株长势、施肥量和气候条件再增减 1 ~ 2 片，以烟株株型符合优质烟的株型为准。

#### 3. 叶片情况

适宜的烤烟叶片大小为：脚叶 63 厘米 × 28 厘米 ± 10%，腰叶 72 厘米 × 25 厘米 ± 10%，顶叶 55 厘米 × 18 厘米 ± 10%。

各生育期单株叶面积为：还苗期 0.06 ~ 0.1 平方米；摆盘期 0.1 ~ 0.33 平方米；团棵期 0.33 ~ 1.06 平方米；旺长期 1.06 ~ 1.65 平方米；现蕾期 1.65 ~ 2.00 平方米。

叶片单叶重（厚薄）为：下部叶 6 ~ 8 克，中部叶 8 ~ 10 克，上部叶 7 ~ 9 克。叶片过薄，烟叶内含物质不丰富，产量和质量都较低；叶片过厚，烟叶组织粗糙，烟碱等含氮化合物含量过高，香气吃味变劣。

### (二) 群体结构指标

#### 1. 密度与整齐度

烤烟亩栽 1 000 ~ 1 200 株，烟株整齐一致。植株的高矮，同部位叶片的大小、叶色、叶片厚度基本一致（图 2-10）。

图 2-10　优质烤烟群体长相 1

#### 2. 生育期天数及叶面积系数动态变化

图 2-10　优质烤烟群体长相 2

优质烟生产要求烟株稳健生长，不蹲塘，不徒长。移栽后 5~7 天心叶出现，10~20 天为摆盘期，20~30 天为团棵期，30~55 天为旺长期，56~60 天为现蕾期，120 天左右采收结束。

田间叶面积系数是烟叶总面积与土地面积的比值。各时期的田间叶面积系数为：成活期 0.02~0.06，摆盘期 0.1~0.3，团棵期 0.5~0.6，旺长期 1.6~2.8，现蕾期 2.8~3.0，田间最大叶面积系数为 3.0±10%。

第三章

# 四川省烟草主推品种

## 第一节 烤烟类

### 一、云烟 85

云烟 85 是云南省烟草科学研究所（以后简称：烟科所）用云烟 2 号和 K326 杂交选育而成。1996 年通过全国品种审定委员会审定为推广良种。

（一）特征特性（图 3–1）

株式筒形，自然株高 170 ~ 176 厘米，打顶株高 110 厘米左右，节距 5. 0 ~ 5. 8 厘米，茎围 7. 00 ~ 8. 03 厘米，叶数 24 ~ 25 片，有效叶数 18. 0 ~ 21. 0 片。腰叶长椭圆形，叶尖渐尖，叶色绿色，叶面较平，叶缘波浪状，叶耳大，叶肉组织细致，茎叶角度中等。花序松散，花冠红色，移栽至现蕾 44 ~ 56 天，移栽至中心花开放 55 ~ 61 天，大田生育期 111 ~ 120 天，全生育期 174 天左右。田间生长整齐，腋芽生长势强。亩产量 150 ~ 170 千克。

图 3－1　云烟 85

（二）质量特点

原烟成熟度好，颜色橘黄，油分较多，光泽中等，身份尚适中等，结构疏松。平均总糖 23. 26%，总氮 1.96%，烟碱 2.26%，蛋白质 9.81%，糖 / 碱比 10.29，氮 / 碱比 0. 87。清香型，香气质好，香气量尚足，杂气微有，劲头适中，刺激性微有，余味尚适，燃烧性强，灰色灰白。

（三）抗病性

高抗黑胫病，中抗南方根结线虫病，感爪哇根结线虫病、气候型斑点病和病毒病。

（四）栽培技术要点

耐肥性强，适宜在肥力条件好的田块种植，亩施纯氮 7 ~ 8 千克，氮磷钾比例 1.0：0.5 ~ 1.0：2.0 ~ 2.5，每亩 1 100 ~ 1 200 株，现蕾时打顶，留叶 18 ~ 22 片。

（五）调制技术要点

比 K326 变黄速度略快，失水速度平缓，容易烘烤。在充分成熟采收的基础上，变黄期温度 38℃ ~ 40℃，使叶片基本变黄，定色期 52℃ ~ 54℃，将叶片基本烤干，干筋期温度不超过 68℃，烤干全炉烟叶。

## 二、云烟 87（见图 3-2）

云烟 87 是云南省烟科所用云烟 2 号和 K326 杂交选育而成。2000 年经全国烟草品种审定委员会审定为推广品种。

（一）特征特性

株式塔形，自然株高 178 ~ 185 厘米，打顶株高 110 ~ 118 厘米，节距 5. 5 ~ 6. 5 厘米，茎围 8 ~ 10 厘米，叶数 25 ~ 27 片，可采收 20 ~ 21 片。腰叶长 73 ~ 82 厘米，宽 28. 2 ~ 34 厘米，长椭圆形，叶尖渐尖，叶色绿色，叶面较皱，叶缘波浪状，叶耳中等，叶肉组织细致，茎叶角度小。花序集中，花冠深红色。田间生长整齐，腋芽生长势强。移栽至现蕾 58 天，移栽至中心花开放 62 ~ 64 天，大田生育期 120 天左右，全生育期 188 天左右。平均亩产量 174 千克。

图 3-2　云烟 87

（二）质量特点

原烟成熟度好，橘黄色，身份较厚，油分较多，光泽强，结构疏松。总糖 24.0% ~ 32.0%，烟碱 1.5% ~ 3.5%，总氮 1.5% ~ 2.2%，蛋白质 7.03% ~ 7.85%。评吸香气质中等，香气量有，浓度中，杂气有，劲头中等，刺激性有，余味尚适，燃烧性强，灰色灰白，质量中等。

（三）抗病性

中抗南方根结线虫病，抗爪哇根结线虫病，中感黑胫病和赤星病，易感烟草普通花叶病（TMV）。

（四）栽培技术要点

较耐肥，宜在上中等肥力地块种植，亩施纯氮 7 ~ 8 千克，氮磷钾比例为 1.0：

0.5～1.0：2.0～2.5，密度 1 100 株 / 亩左右，中心花开时打顶。

（五）调制技术要点

容易烘烤，中部叶较耐养，要求充分成熟再采收。烘烤变黄期温度 36℃～38℃，使叶片基本变黄，定色期 52℃～54℃，将叶片基本烤干，干筋期温度不超过 68℃，烤干全炉烟叶。

三、云烟 97

云烟 97 是云南省烟科所用云烟 85 和 CV87 杂交选育而成。2004 年 7 月通过云南省烟草品种审评委员会审评。

（一）特征特性

株式塔形，自然株高 148 厘米，打顶株高 108 厘米，节距 5. 4 厘米，茎围 9. 6 厘米，有效叶数 18～20 片。腰叶长 78 厘米，宽 27 厘米，长椭圆形，叶尖钝尖，叶肉组织细致。着叶均匀，叶片数比 K326 略少，打顶后茎叶角度适中。田间生长整齐，腋芽生长势强。移栽至现蕾 55 天，移栽至中心花开放 60 天，大田生育期 120 天左右。平均亩产量 178. 0 千克。

（二）质量特点

原烟成熟度好，颜色橘黄色，油分多，光泽强，结构疏松，身份中等，腰叶长 69.2 厘米。总糖 27.87%，还原糖 22.16%，烟碱 2.78%，总氮 1.94%，蛋白质 7.29%，糖 / 碱比 10，氮 / 碱比 0.69，氯 0.1%，钾 2.35%。香气质中等至中偏上，香气量尚足，浓度中等，杂气有，劲头中等，刺激性有，余味尚适，燃烧性强。

（三）抗病性

抗黑胫病，低抗赤星病、青枯病，黄瓜花叶病毒（CMV）、马铃薯 Y 病毒（PVY）、根结线虫病、烟草普通花叶病（TMV）。

（四）栽培技术要点

需肥量比 K326 稍低，一般亩施纯氮 6～8 千克，氮磷钾比为 1.0：1.0～1.5：2.5 比较合理。

（五）调制技术要点

变黄速度略快，失水速度平缓，容易烘烤。在充分成熟采收的基础上，变黄期温度 38℃～42℃，使叶片基本变黄，定色期 52℃～54℃，将叶片基本烤干，干筋期温度不超过 68℃，烤干全炉烟叶。

## 四、K326（见图 3-3）

K326 是美国诺斯朴金种子公司（Northup King Seed Company）用 McNair30 和 NC95 杂交选育而成。1985 年从美国引进云南省，1989 年全国烟草品种审定委员会审定为全国推广良种。

（一）特征特性

株式筒形，自然株高 163.5 ~ 184.5 厘米，打顶株高 90 ~ 110 厘米，节距 4.0 ~ 4.6 厘米，茎围 7.0 ~ 8.9 厘米，叶数 24 ~ 26 片，有效叶数 20 ~ 22 片。腰叶长 64 ~ 75.0 厘米，宽 27.6 ~ 33.2 厘米。移栽至现蕾 50 ~ 60 天，移栽至中心花开放 52 ~ 62 天，大田生育期 120 天左右。田间生长整齐，腋芽生长势强。亩产量 150 ~ 175 千克。

图 3-3　K326

（二）质量特点

原烟成熟度好，橘黄色，油分多，光泽强，结构疏松，身份中等。平均总糖 26.38%，总氮 2.07%，烟碱 2.5%，蛋白质 10.77%，氮 / 碱比 1.03。清香型，香气质好，香气量足，吃味纯净，浓度中等，杂气有，劲头适中，刺激性有，余味尚舒适，燃烧性强，灰色白色。

（三）抗病性

中抗青枯病、黑胫病、根结线虫病，感病毒病，高感气候型斑点病。

（四）栽培技术要点

耐肥力较强，宜在中上等肥力的地块种植，亩施纯氮 8 ~ 9 千克，氮磷钾比例 1.0：1.0 ~ 1.5：2.5 ~ 3.0，每亩 1 100 株左右，留叶 20 ~ 22 片。后期要注意防治赤星病。

（五）调制技术要点

分层落黄好，下部叶成熟采收，上部叶充分成熟采收，一般变黄期温度 32℃ ~ 42℃，时间 50 ~ 60 小时，定色期 43℃ ~ 55℃，30 ~ 40 小时。干筋期温度不超过 68℃，时间 25 ~ 30 小时，顶叶各阶段可适当延长，注意升温不过急。

## 五、红花大金元（图 3-4）

红花大金元原名路美邑烟，经云南省农业科学院烤烟研究所和曲靖地区烟叶办公室选择培育而成，1975 年定名为红花大金元，目前在贵州、四川、湖南等省有一定的种植面积。

（一）特征特性

株式塔形，打顶株高 100～120 厘米，节距 4.0～4.7 厘米，茎围 9.5～11.5 厘米。叶数 20～23 片，有效叶数 18～20 片，腰叶长 62.0～78.0 厘米，宽 25.0～34.0 厘米。叶片长椭圆形，叶尖渐尖，叶面略皱，叶片稍厚，叶肉组织细致。移栽至中心花开放 52～62 天，大田生育期 112～120 天。亩产量 130.0～150.0 千克（攀枝花 150～175 千克）。

图 3-4　红花大金元

（二）质量特点

原烟成熟度好，橘黄色，身份适中，油分多，富弹性，光泽强，结构疏松。总糖 26.06%～30.40%，总氮 1.71%～2.01%，烟碱 1.92%～2.61%，蛋白质 9.19%～11.00%，施木克值 2.37～3.47，氮 / 碱比 1.13，糖 / 碱比 9.0～12.0。清香型，香气质好，香气量尚足，吃味纯净，劲头适中，杂气有，劲头适中，刺激性有，余味尚舒适，燃烧性强，灰色白色。

（三）抗病性

中抗根结线虫病，抗气候型斑点病，感青枯病、黑胫病和烟草普通花叶病（TMV）。

（四）栽培技术要点

不耐肥，适宜在中等肥力的地块种植，亩施纯氮 4～6 千克，氮磷钾比例 1.0∶1.0～1.5∶3.0～4.0，亩栽 1 100 株左右，中心花开放时打顶，留叶 18～20 片。

（五）调制技术要点

叶片落黄慢，充分成熟采收，严防采青。烘烤中变黄速度慢，而失水速度又快，较难定色，难烘烤。变黄期温度 38℃～40℃，变黄 7～8 成，注意通风排湿，40℃后烤房湿球温度应控制在 36℃～38℃，43℃烟叶变黄 9 成，45℃保温使烟叶全部变黄。定色前期慢升温，加强通风排湿，烟筋变黄后升温转入定色后期，干筋期温度不超过 68℃。

## 六、中烟 103

烤烟新品种中烟 103 由中国烟草遗传育种研究（北方）中心和中国烟草总公司青州烟草研究所共同选育。于 2007 年 10 月 31 日通过全国烟草品种审定委员会审定。

（一）特征特性

植式筒形，叶形椭圆，叶尖渐尖，叶缘波浪状，叶面略皱；移栽至中心花开放60天左右，大田生育期120天左右。在南方烟区，打顶株高比K326高11.2厘米左右，有效叶数18.6片，茎围10.5厘米，节距5.1厘米，腰叶长71.5厘米、宽32.4厘米。该品种植株结构合理，田间长势强，易烘烤，平均亩产量162.4千克。

（二）质量特点

烤后原烟多橘黄，烟叶结构疏松，身份中等，烟叶外观品质总体性状优于K326；烟叶化学成分含量适宜、比例协调，与K326相比，糖含量略高，烟碱、总氮含量略低。感官评吸质量与K326的质量档次相当，香气质具有红花大金元的香气特征，适于目前卷烟工业需要。

（三）抗病性

耐烟草普通花叶病（TMV）、马铃薯Y病毒（PVY），中抗黑胫病，中感根结线虫病，感青枯病和赤星病，气候斑点病轻。

（四）栽培技术要点

适应性强，在西南、黄淮和东北烟区均可种植。在南方烟区其施肥量与K326相当，中等肥力地块一般亩施纯氮6~8千克，氮磷钾比例为1.0：1.5：3.0，栽植密度1 000~1 100株/亩。

（五）调制技术要点

注意成熟采收，按三段式烘烤工艺，易烘烤。

## 第二节 四川名晾晒烟类

晾晒烟（现习惯称为“晒烟”），是传入中国四川时间最早的烟草品种。四川省晒烟质量优良，风味独特，在国内外享有盛名。

### 一、白肋烟

白肋烟系马里兰深色烟品种中的一个突变种。现在已成为各种混合型卷烟的重要辅助原料。白肋烟的烟碱和总氮量比一般烤烟的含量稍高，含糖量低，一般白肋烟叶片较薄，弹性好，填充力高，阴燃保火能力强，品质优良。

四川白肋烟多用作混合型卷烟原料。目前已成为全国重要白肋烟生产基地之一，主要有万州、达州、巴中三个烟区，各区近十年的主栽品种不尽相同。万州烟区主要品种：KY14、EB2#、TN90、Ky8959，达州烟区主要品种：达所24、

TN86，巴中烟区主要品种：通烟 1 号。

（一）KY14

由万州引进、推广，为 20 世纪 90 年代的当家品种。该品种晚熟，对山区种植有较好的适应性，产量适中，质量好，中抗至高抗根黑腐病，高抗萎蔫病，耐赤星病，抗花叶病，但易感黑茎病。在栽培上注意轮作和将土壤 pH 值调到 6.5 左右即可防治黑胫病。

（二）EB2＃

由 MSKY14 与 L8 杂交育成，1997 年通过审定。株形塔形，叶形长椭圆，身份中等。茸毛稍厚。下部叶耐熟力强，整株成熟较为集中，适合半整株采收。适宜于海拔 1200 米以下地区种植。该品种高抗黑胫病，中抗根黑腐病、镰刀菌萎蔫病，抗野火病、烟草花叶病。叶片颜色红黄或近红黄。香气量大、香气浓，燃烧性好，具有典型的白肋烟香型风格。

（三）TN90

美国田纳西州立大学用 Burley49 和 PVY202 杂交育成。湖北恩施最早引种试验，1999 年通过审定。该品种抗旱能力强，中抗黑胫病，高抗根黑腐病、野火病、普通花叶病和马铃薯 Y 病毒（PVY）。株型筒形，叶椭圆形。生长势强，适应性好。原烟颜色以深红黄为主，叶片结构疏松，厚度适中，光泽强，弹性好。内在化学成分适宜，比例协调，白肋烟香型风格较显著，香气浓度较浓。

（四）Ky8959

美国肯塔基州立大学用 KY8929 和 TN86 杂交育成。株型筒形，叶宽，椭圆形。属中晚熟品种，中抗黑胫病，生长势强，整齐度高，遗传性状稳定。原烟颜色以红黄为主，厚度适中，叶片结构疏松，弹性较好，化学成分含量适宜，比例协调。

（五）达所 24

该品种是达川烟科所选育出的新品系。生长发育快，长势旺，中熟，有效叶 20～22 片，最大叶片长宽 80 厘米 ×39 厘米，叶片厚薄适中，抗黑胫病和根黑腐病，中抗花叶病，单产 200 千克 / 亩，是目前达川地区推广的优质白肋烟 KY14 的接班新品种。

（六）TN86

该品种是从美国引进，前期长势中等，后期长势强，中熟，株型紧凑成筒形，茎叶角度小，叶数 29～32，最大叶片 70 厘米 ×34 厘米，调制后叶色较深（特别是上部叶），中抗黑胫病，对根黑腐病免疫，抗蚀纹病和野火病，中抗花叶病。适宜在海拔 600～800 米之间种植。

（七）“通烟1号”

该品种由通江烟科所培育。产量高、质量好，适合山区生态条件下种植。

## 二、晒烟

晒烟属茄科烟草属植物，根据调制特点可分晒红烟和晒黄烟两种类型。其中晒红烟可根据调制工具的不同又分为四种，分别为折晒红烟、半捂半晒红烟、索晒红烟、架晒红烟。而晒黄烟则根据调制后烟叶颜色的深浅又分为深色晒黄烟和浅色晒黄烟。

四川传统晒烟代表产品是什邡毛烟、新都柳烟、郫县大烟、绵竹泉烟。依晒后颜色分类，前两种属晒红烟，后两种属晒黄烟。目前种植面积最大的是毛烟，柳烟仅有少量生产，大烟、泉烟已很少栽培。毛烟原主要分布在川西平原的温江地区，后发展到川东的涪陵、达州、万州、巴中等地。

## 三、香料烟

香料烟（Oriental）属茄科烟草属红花烟草种的一个变种，原产于土耳其、希腊等地中海沿岸国家，故又称土耳其型烟或东方型烟。香料烟的特点是株型和叶片小、芳香、吃味好，容易燃烧及填充力强，为晒烟香型和混合型卷烟的重要原料，也多掺用于兰烟丝，是适应国内外卷烟向“低焦油、混合型、滤嘴化”方向发展的必备配料。

1991～1996年四川凉山彝族自治州和攀枝花试种香料烟，因效果不佳，于1997年停止试种。2006年攀枝花将其播种期提前到头年的10月进行试种，取得较好的效果。目前主要种植品种为引自希腊的克撒锡巴斯玛。该品种移栽至现蕾50～60天，大田生育期115～125天。株高90～120厘米，可采叶25～28片，亩产量70～80千克，适宜于山区和半山区疏松沙壤土种植。

## 四、雪茄烟

雪茄烟是卷烟产品的一种类型，其传统概念是全部用烟叶卷成的吸用烟卷。典型雪茄烟的结构从外到内可分为三层，即外包皮、内包皮和芯烟。雪茄烟的原料几乎全部是晒晾烟，近年来也有用卷烟纸代替烟叶作内、外包皮卷裹芯烟的。

第四章

# 烤烟育苗技术

## 第一节 烤烟育苗技术

烤烟从种子萌发到幼苗生长对环境条件的要求很高。因此，生产上均采用育苗移栽的方式种植烟草。育苗是烤烟生产的重要环节，目标是适时提供充足、健壮、整齐、无病虫害的烟苗，以便做到适时移栽，在经济合理地利用土地的同时提高复种指数及烟株的成活率和整齐度，保证优质烟叶生产的正常进行。烤烟主要有以下四类育苗方式：分为一段式常规育苗、两段式常规育苗（营养袋假植育苗）、漂浮育苗、湿润托盘育苗。

### 一、一段式常规育苗

一段式常规育苗是指将烟草种子撒播在苗床上，待成苗后移栽到大田的老式育苗。这种育苗方式持续到20世纪60年代。

### 二、营养袋（杯）育苗（两段式常规育苗）

将烟草种子撒播在母床上，当烟苗进入十字期或猫耳期后再假植到子床的营养袋（钵）中；待成苗后再将烟苗连同营养袋土一起移植到大田，也称营养袋假植育苗，是我国20世纪80年代初应用推广的主要育苗方式。两段育苗带土移栽，提高了丘陵山地烟区移栽成活率和大田生长整齐度。目前常规育苗多指营养袋假植育苗。

### 三、漂浮育苗

在育苗棚内将烟草种子播种在漂浮盘的基质中，置于营养液上进行育苗。这是20世纪90年代后，在结合我国的生态环境、生产条件研制出的一种显著提高烟苗素质和育苗效率的高度产业化、集约化的育苗方式。它摆脱了大田土壤条件，采用泥炭或草炭，配以一定比例的蛭石和膨化珍珠岩，以格盘（由若干苗穴组成的育苗盘）为设施进行育苗（称为格盘育苗）。因其适应性广，可操作性强，具有常规育苗不可比的优越性，而作为目前四川省重点推广的育苗新技术。

1. 提高育苗效率

格盘育苗缩小了单板所占空间，提高了烟苗的生产率，比常规育苗的生产效率提高了 4～6 倍。

2. 提高土地利用率，降低生产成本

漂浮育苗场地灵活，可用晒坝、屋顶等，且育苗全过程的一系列操作集中、方便，降低了劳动强度，节约劳力，降低生产成本。

3. 利于提高烟苗素质，减轻病虫危害，提高烟叶的产量和品质

集约化育苗实现了光、温、水、肥的平衡管理，使烟苗根系发达，茎粗苗齐苗壮，大田生长整齐，抗病性强，成熟一致，烟叶烘烤质量好。

4. 可实现专业化、商品化生产与经营

格盘育苗的方便性和可操作性决定了生产上可实现移栽时间，种植规范的统一性。

### 四、湿润托盘育苗

将基质装到育苗盘孔穴中，播种后育苗盘放在土表或普通简易支架上，营养液和水从上至下喷洒在基质上，保证基质的湿润，以满足种子萌发和烟苗生长的需要。与漂浮育苗根本不同之处在于：湿润托盘育苗的托盘不是漂浮在营养液上，而是放在土表或支架上，基质的温度不受营养液温度的影响。

漂浮育苗和湿润托盘育苗又可统称为格盘育苗。

## 第二节 集约化漂浮育苗技术

漂浮育苗主要有三种模式：分户集中育苗、完全承包制集中育苗和劳务承包制集中育苗。根据四川省烟草公司攀枝花市公司的经验，漂浮育苗的三种模式各有其特点。

分户集中育苗的特点是，烟农自育，分社（村）集中统一指导管理。有劳动力投入相对减少，烟农生产成本低和烟农操作容易、运输方便等优点。但也有因烟农

育苗水平参差不齐，育苗质量不能保障；育苗技术指导难度大；病虫害统防统治难度大；租地成本高等缺点。

完全承包制育苗的特点是，承包户以补贴价购买育苗物资，自己育苗管理并进行销售，自负盈亏，公司提供技术指导并进行监督。具有承包户盈利较多和育苗点所需技术员少，烟点可集中精力搞生产等优点。但也存在承包户追求利润可能导致烟农购买成本加大；承包户可能减少技术环节、偷工减料，导致育苗质量下降；因承包垄断导致承包户可能刁难公司或烟农；烟农拉运烟苗难度加大等缺点。

劳务承包制集中育苗的特点是，承包户提供劳务支撑与管理，公司免费提供育苗物资，并指导、考核和监督育苗，公司销售烟苗。具有烟农和承包户均受益；节约技术员，可集中精力搞生产；育苗质量可有效控制等优点。但也存在承包户为减少劳务成本可能减少用工量，从而推迟最佳技术操作时节；物资和烟苗拉运难度加大等缺点。

由于育苗的中心目的是培育出“苗壮，苗齐，苗足”的优质烟苗供应大田生产，同时适当节约成本，减轻烟农劳动力。因而劳务承包制集中育苗适合现代烤烟的发展与生产，它使烟农从长达 60 ~ 70 天的育苗工作中解脱了出来，很大程度上减轻了烟农劳动力压力，同时也通过提高烟苗质量、杜绝了劣杂苗，提升了烟叶整体生产水平。目前四川省已从分户育苗发展到专业化育苗、商品化供苗，育苗工作正迈向“专业化分工、工厂化管理、市场化运作、社会化服务”的专业化漂浮育苗道路。

## 一、漂浮育苗的成苗标准

成苗标准一般为：苗龄 60 ~ 65 天，真叶 9 ~ 10 片，茎高 8 ~ 16 厘米，茎直径>5 毫米，茎秆含水量低，韧性强，根系发达，须根多而白，无明显主根，无病毒、病菌浸染，群体清秀，整齐一致。

## 二、漂浮育苗技术

### (一) 苗床地选择

选择避风向阳、地势平坦、靠近水源、水质清洁、交通方便、地块较大，远离农户，未种过烤烟、蔬菜和其他茄科作物的土地作苗床地。

专业化漂浮育苗地租用是一个连续性较强的细致工作，能固定的一定要长期固定，签订协议，不能固定的要在每年 9 月底之前选定育苗点，做好规划部署，减少因青苗补偿费之类的额外费用。

### (二) 营养池和塑料温棚的建造

建成槽状，宽 1.1 米，深 0.10 ~ 0.12 米，长为 10.5 米，可放置 60 个育苗盘（一个标准厢）的营养池（图 4–1）。根据地块和实际需要，营养池的长度也可灵活确定。营养池四周由土壁或砖块固定，槽内铺垫黑色地膜作为育苗营养池。营养池的池底必须制作水平，以保证池内营养液的深度均匀一致。

图 4–1　漂浮育苗营养池

图 4–2　漂浮育苗塑料温棚

塑料温棚制作成小拱棚，用竹片拱成弓形。棚架高 0.8 米，宽 1.2 米，长度依营养池的长度而定，用厚 0.1 ~ 0.15 毫米的无色塑料膜作盖膜，棚架两端的盖膜收作马尾状固定（图 4–2）。

（三）育苗材料

育苗盘（漂浮盘）：由当地烟草公司统一提供。

育苗基质：由当地烟草公司统一提供。

专用肥：使用行业规定的漂浮育苗专用肥。

水质水量：配制营养液的水必须清洁，无污染，可用 pH 值在 5.5 ~ 6.5 的饮用水、井水、流动河水等，不得使用坑塘水。育苗盘未放入营养池内时，加放池内的水的深度要达到 0.05 米。

种子：由当地烟草公司统一供种。

（四）营养液配制

用育苗专用肥一小袋（50 克），加水 70 千克，在桶内先让肥料充分溶解后，再均匀倒入营养池的水中。每袋专用肥可供 10 张 160 穴的育苗盘的营养需要。

（五）基质装盘和播种

育苗基质和种子质量决定了出苗率及整齐度，所以要及早购进基质和种子，早做试验，以便对基质装盘松紧作出指导性意见，了解种子发芽率和发芽势，以便对播种粒数做出指导。

1. 基质装盘

装盘时，先洒水使基质均匀湿润，保证基质手捏成团，放手即松散的状态。用配好基质填装满苗穴，但不能填装过满过实，保持填装松紧适度即可。

2. 播种

(1) 播种期。育苗时段不仅要考虑当地最佳移栽期（多数在4月20日至5月10日）向前推算60～65天，温度低、种子发芽慢的地区可提前10～15天播种），还要考虑育苗点地方小气候的影响，尽量避开小气候对育苗的不良影响。

(2) 播种技术。每穴播包衣种1～2粒，再轻盖1～2毫米厚的基质，用喷雾器喷水浇至包衣剂完全裂解后，将育苗盘移至配制好营养液的营养池中进行培养。

3. 苗床管理

(1) 温、湿度管理。育苗前应尽可能保持育苗盘盘面温度在20℃～25℃，若气温过低，可在小拱棚上加盖草帘或麻片，或在漂浮盘上方再盖一层薄膜保温。出苗以后，气温升高，在十字期仍以保温为主，但在晴天中午气温升高时，要通风降温，但需防降温过度（低于20℃）。从十字期到成苗期，温度管理以避免极端高温为主，要特别注意通风，棚内温度最高不能超过35℃，相对湿度不大于90%，防止病害和烧苗。成苗期可将四周的棚膜卷起，加大通风量，使烟苗适应外界的温、湿度条件。

(2) 水分添加。育苗各时期要观察池中水分，因蒸发或营养液渗漏而低于固定水位（5厘米深水）时，需添加清洁水至固定水位，保持营养液的浓度不会过高。

(3) 间苗、补苗和定苗。在大十字期间，间去苗穴内多余的烟苗，同时对空穴补苗，保证每穴1株，不缺苗。

(4) 苗床追肥。在出苗后20天左右，追肥1次，氮素浓度以100毫克/千克为宜。具体是一个标准厢加6小袋（共300克）育苗专用肥，加水保持苗床原水位(5厘米深水)，充分溶化后搅匀即可。

(5) 剪叶、炼苗。烟苗在五叶一心时，开始剪叶，每次剪叶面积一般不超过单叶面积的50%，先轻后重，注意不要剪伤烟苗的生长点（图4-3）。剪叶时间最好在上午进行。一般每隔5～7天剪1次，至成苗时剪3～5次。剪下的烟叶残留物应及时清理干净，不应留在育苗盘上。剪叶时要注意剪叶工具消毒，操

图4-3 剪叶标准

作卫生，防止病菌传染。

移栽前 7 ~ 10 天，断水、断肥炼苗，炼苗程度以烟苗中午发生萎蔫，早晚能恢复为宜。通过炼苗，可以提高烟苗的抗逆性和移栽成活率。

4. 苗床卫生和病虫害防治

（1）育苗前池水、旧苗盘等的消毒（图 4–4）。消毒能有效清除各种病菌，确保烟苗健康生长。

图 4–4　育苗场地、育苗盘、剪叶工具等消毒

①育苗场地消毒。装盘、播种前应对育苗场地消毒，用 40%育宝 200 倍液或 2%二氧化氯 150 倍稀释液或 30%有效氯漂白粉 20 倍液对场地周围、拱架进行喷雾消毒 1 次。装盘、播种操作过程中，基质和漂浮盘不能接触土壤等可能带毒、带菌的物质。

②池水消毒。使用清洁水源，每池水（40 盘）加入 20 ~ 25 克漂白粉消毒。

③旧苗盘、池膜消毒。要提前 3 ~ 7 天进行，必须先用清水洗掉基质及尘土等，集中于干净地方晾干后，选用 30%有效氯的漂白粉 10 ~ 20 倍稀释液或 2%二氧化氯 100 ~ 150 倍稀释液或 40%育宝 150 ~ 200 倍稀释液喷洒湿润，然后用塑料膜覆盖保湿 2 ~ 6 天，或者用 30%有效氯的漂白粉 10 ~ 20 倍稀释液或 2%二氧化氯 100 ~ 150 倍稀释液或 40%育宝 150 ~ 200 倍稀释液直接浸泡 20 分钟以上。消毒处理后用清水

清洗，防止影响出苗率，晾干后方可装盘播种。

(2) 覆盖尼龙网隔离防虫。棚的四周覆盖40目的白色尼龙网，以防通风时蚜虫进入棚内传病毒病。育苗棚在需要揭网操作的过程中，如：装盘、定苗、剪叶、施药、施肥过程中要随时保持尼龙网的覆盖。经常检查尼龙网覆盖是否严实，若有破损及时修补破损处。

(3) 剪叶工具消毒。人工剪叶，每人准备两把剪刀，轮流剪叶和清洗，保证剪刀消毒时间在5分钟以上，后用清水洗去消毒液，每剪完一盘烟苗消毒1次；弹力剪叶器剪叶时，用消毒液浸湿的布来回擦弹力线和整个弹力架3遍以上，后再用清水洗去消毒液；消毒液清洗剪叶机刀片和接触烟苗部位时，应拆下并浸泡刀片10分钟以上，后用清水洗去消毒液，机器每剪10盘或1池苗后消毒1次。

可选用的消毒液有30%有效氯的漂白粉10～20倍稀释液、2%二氧化氯100～150倍稀释液、40%育宝150～200倍稀释液、24%的毒消300倍稀释液。

剪完叶后剪刀或剪叶工具应进行消毒后收藏，同时修剪下来的烟叶应及时清理出棚外，并把落在苗盘上的叶片拾干净，以避免叶片腐烂，而导致根腐病的发生。

(4) 洗手池和足底消毒池的设立。烤烟漂浮育苗入口处设立洗手池和足底消毒池。所有进入漂浮育苗区的人员，必须先用肥皂洗手，清水冲洗干净。足底消毒池中放入棕垫，在其中加入用40%育宝150倍液或2%二氧化氯150倍稀释液或30%有效氯漂白粉20倍或15%菌毒净200倍液，所有进入漂浮育苗区的人员，足底必须在消毒液中浸泡1分钟以上，方可进入漂浮育苗区。或准备育苗地专用拖鞋，所有进入漂浮育苗区的人员，换上专用拖鞋方可入内。

(5) 漂浮育苗卫生管理制度。漂浮育苗工作人员在进行装盘和播种前必须穿上干净的衣、裤和鞋，用肥皂水洗净手后进行装盘和播种。在育苗过程中，严禁非工作人员擅自进入育苗场地，严禁所有工作人员随身携带卷烟和烟丝，严禁吸烟和吃番茄、黄瓜等蔬菜瓜果。

(6) 加强日常管理。注意通风，以降低空气温度，保持叶面干燥，以减少病菌的传染。严格苗床管理，适当施肥，减少不必要的剪叶操作，将剪叶次数控制在3～4次；严禁在棚群之间进行补苗和苗盘混杂。

(7) 药剂防治。主要涉及对病毒病、烟草炭疽病、猝倒病等病害及藻类和蚜虫的防治。

①病毒病。剪叶前和移栽前可选用的抗病毒剂，有20%病毒特600倍液、或3.95%病毒必克Ⅱ号500倍液、或8%菌克毒克200～250倍液、或0.5%抗毒丰400～500倍液等抗病毒剂进行病毒病预防。

②烟草炭疽病、猝倒病等病害。通常可通过通风排湿，降低棚内湿度进行防治，必要时喷施 1：1：160～200 倍液波尔多液或 50%代森锰锌 600～800 倍液或 50%退菌特 500 倍液。

③藻类。注意通风排湿，必要时喷灌 1：1：160～200 倍的波尔多液或绿得保 200 倍液、25%甲霜灵 500 倍液加以控制。

④蚜虫。对苗床 300 米以内的桃树、梨树、油菜、杂草等，喷施 2.5%敌杀死 2 000～3 000 倍液或功夫 2 000～3 000 倍液等药剂防治，特别注意通风排湿前的防治。

## 第三节 集约化湿润育苗技术

### 一、湿润托盘育苗的物化技术

（一）基质

湿润托盘育苗所用基质的原料是草炭、植物秸秆粉碎物、膨胀珍珠岩和蛭石等。基质的制备过程是：首先将草炭等原料粉碎，使其粒径达 3～4 毫米备用；再将植物秸秆粉碎（粒径 3～5 毫米），堆沤发酵腐熟，摊开晒干备用；最后在播种前 10 天左右按配方将有关原料混合，兑水拌匀，用斯美地熏蒸消毒，一周后揭膜通风 1～2 天即可。

（二）育苗盘

由于湿润托盘育苗的格盘不需漂浮在营养液上，因而制造育苗盘的材料可不采用对环境污染大的聚苯乙烯泡沫材料，而采用硬聚氯乙烯等原料制成的育苗盘，盘穴有 128 孔、162 孔或 200 孔等多种育苗盘规格。

（三）营养液

与漂浮育苗的相同。

（四）育苗池

可建育苗池，规格与要求同漂浮育苗，也可不建育苗池，直接将育苗盘放在架子上。

（五）育苗棚

湿润育苗与漂浮育苗一样，也在温室和塑料大（小）棚内进行。可调控的温室成本较高，仅限于有条件的地区采用。生产上多采用塑料大（小）棚，建盖方法与漂浮育苗相同。

## 二、湿润托盘育苗管理技术

(一) 消毒

基质、育苗盘、育苗棚的消毒要求与漂浮育苗相同。湿润托盘育苗需要强调的是育苗池或育苗场地的消毒。因为湿润托盘育苗的育苗盘直接放在土表或普通简易支架上，因此育苗池或育苗场地的消毒比漂浮育苗更加重要。

(二) 装盘

装盘的基质水分和松紧度的要求同漂浮育苗。湿润托盘育苗在将基质湿润的过程中可加入一定量的肥料，浓度一般在 30 ~ 50 毫克 / 千克，为烟苗前期的生长提供一定的养分。

(三) 播种

育苗盘装填基质后即可每孔播种 1 粒。据云南省烟科所的研究（晋艳等，2001）表明，播种深度以 5 毫米为宜，播种过深或过浅都不利于种子的萌发。如果采用播种后再用基质覆盖的方法，那么覆盖基质的厚度以 2 ~ 5 毫米为宜。

(四) 纸膜覆盖技术

湿润托盘育苗不同于漂浮育苗的另一个技术要求是需要纸膜覆盖。采用纸膜覆盖，不但可以减少基质水分的散失，还可起到遮荫作用，减缓浇水时水滴的冲击力，使基质和种子不被冲走，提高烟苗的出苗率。

(五) 水分管理

湿润托盘育苗主要是靠浇水来提供水分，因此把握适当的浇水时间和浇水量就十分重要。湿润育苗需要特别注意播种后的第一次浇水，必须浇足、浇透，浇水的量要到水从孔穴中渗下，将地面浸湿为止。待第一次浇的水下渗后，再浇一次，才能保证浇够。试验结果表明，大棚中基质的失水率低于小棚，因此大棚浇水一般一天只需一次，小棚则采用 2 天浇 3 次水就可以保证出苗和烟苗生长的需要。

(六) 施肥

从萌发到烟苗小十字期前，靠种子自身的营养可满足烟苗生长需要。从小十字期开始需要追施肥料。整个苗期需追加 5 ~ 8 次肥，具体次数根据烟苗长势具体确定。播种后 35 天内用氮磷钾比 15∶7∶15 或氮磷钾比接近 2∶1∶2 的烤烟生产专用复合肥。值得注意的是在每次施肥后，必须浇洒适量清水把叶面上的肥料淋洗干净。湿润托盘育苗的施肥浓度宜适当控制，浓度过大或过小都不利于烟苗的正常生长和烟苗质量的提高。云南省烟科所研究结果表明，在施肥浓度为 50 毫克 / 千克、150 毫克 / 千克、250 毫克 / 千克、350 毫克 / 千克、450 毫克 / 千克、550 毫克 / 千克的 6 个处理中，施用 50 毫克 / 千克烟苗的地上部分生长、叶片色素含量虽然低于其他追肥浓度，但烟苗的根系生长、根冠比、移栽后烟株的生长速度及干物质积累量都明显高于其他 5 种施肥浓度。施肥浓度在 50 ~ 250 毫克 / 千克之间有利于烟苗在大田的早生快发。

（七）温、湿度管理

湿润托盘育苗的温、湿度管理要求与漂浮育苗相同。由于湿润托盘育苗棚内的湿度低于漂浮育苗，因此出现棚顶滴水下落打伤烟苗的现象较少。

（八）剪叶

剪叶的原则和方法与漂浮育苗基本相同。剪苗次数的多少根据烟苗的生长情况而定一般最佳剪叶次数以不超过 4 次为宜。

（九）空气整根

湿润托盘育苗与漂浮育苗相比不用进行剪根，而是采用将育苗盘架空（距地面高度 0. 15 米左右）的空气整根法。由于长出育苗孔穴的烟根在空气中没有水分和养分的供给，烟根会自行死亡，从而刺激基质内更多次生根的生长。

（十）炼苗

移栽前两周进行控水控肥，小棚尽可能揭开塑料薄膜让太阳照射，进行揭膜锻苗，提高烟苗抗逆性。经过锻苗，能增加烟苗茎秆的柔韧性，提高烟苗的移栽成活率。

（十一）病虫害防治

与传统的育苗方法相比，湿润托盘育苗的烟苗集中、温度高、湿度大，利于病害的传播流行，若苗棚管理和消毒实施不严，极可能导致病害发生，而病害一旦在苗棚内流行，将不能达到培育健壮，无病烟苗的目的，并造成移栽后的大田烟株病害发生严重，将给烟草生产带来损失。

湿润托盘育苗的病虫害防治与漂浮育苗相同，病虫害防治要以预防为主，消除病源，控制发病条件。

第五章

# 烤烟大田移栽技术

## 第一节 烟田装备

### 一、烟田准备

移栽前的烟田准备又称整地，包括耕翻耙作、土壤改良和起垄（做畦）等田间作业，其目的是为烟株根系的生长发育创造良好的土壤环境，为烟株移栽和大田管理奠定良好的基础。

（一）耕地的作用

耕地可增加土壤的通气性和保水性，提高土壤的蓄水和保肥能力，为烟草的生长发育创造良好的条件。同时，使土壤性状得到改善，提高肥力、减少病虫危害。

（二）耕地时期及深度

不同质地土壤的宜耕性不同，不良或黏粒含量高而耕作较难的烟田要早耕翻，一般应根据实际情况，于小麦、油菜等收获后及时进行灭茬耕地。深度为 25 ~ 35 厘米。

### 二、土壤改良

目前我国烟草生产中，土壤改良主要包括调节土壤 pH 值、改善土壤团粒结构、改良土壤通气状况、提高土壤有机质含量等。

植烟土壤的适宜 pH 值为 5.5 ~ 6.5，当土壤 pH 值较低、酸性较强时，可通过施用石灰提高土壤的 pH 值，以适合烟草生长发育和提高烟叶的产量和质量。石灰用量为 120 千克 / 亩，施用石灰的方法是在烟苗移栽前，按每株用量将石灰施在定植穴中，并与定植穴中土壤混匀。

在 pH 值高的石灰性土壤上，采用酸化水处理可降低土壤 pH 值。于烟苗移栽 10 天后每隔 5 天浇 3 次酸化水。

质地偏黏的土壤可在烟苗移栽前，每穴施用垃圾土或火烧土等疏松物 1 ~ 2 千克，并与定植穴土壤混匀。

我国大部分土壤的有机质含量偏低，可通过增施有机肥、秸秆还田、轮作（包括烤烟与绿肥的轮作）和休闲等措施增加土壤有机质含量。

### 三、整地方法

在烟田平整后，应根据适宜的移栽期，结合天气和土壤墒情，适时按预定的行距拉线划行和起垄。

（一）垄作的作用

垄后烟行呈拱形，扩大了土壤的受光面积，有利于提高地温；垄作使烟株根系生长的松土层加厚，确保适宜的栽植深度，有利于促进烟株根系发育，提高根系合成烟碱的能力；垄作便于灌排水和降低垄体土壤湿度，利于抗旱保墒或排涝防病；此外，起垄结合中耕、培土，还可增强烟株的抗倒伏能力。

（二）起垄方法

起垄高度是起垄中一项很重要的内容。起垄时必须拉线定位，做到垄直沟平，深浅一致，垄顶宽而平坦，以利于更多地接纳早期雨水。

## 第二节 移栽期的确定

移栽期决定于烟草生育过程所处的自然条件，它对烟叶的产量和品质具有重大影响。因此确定移栽期的原则是要在统筹兼顾的前提下，尽可能地选择生产优质烟叶的最佳条件。

### 一、确定移栽期的依据

影响烤烟移栽期的主要因素有气候条件、栽培制度、品种特性和播种期。不同地区，这些因素所处的主次位置不同，故应全面考虑。

（一）气候条件

气候是决定烤烟移栽期的主要条件，其中温度、降雨和霜冻又是主要的影响因素。四川烟区的主要影响因素则是温度和降雨。烤烟是喜温作物，移栽后大田期≥

10℃的活动积温应大于2 600℃，≥10℃的有效积温应大于1 800℃。成熟期气温以24℃～25℃且持续30～40天，大田期≥20℃的持续天数最好在70天以上。四川确定移栽期特别要把烟株旺长期调整到最佳月份（温、光、水）即5、6、7、8月。否则，8月底9月初降温快，上部叶难成熟，难烘烤。

（二）种植制度

烤烟适宜的移栽期既要满足烤烟的生物学要求，获得优质适产，又要有利于前、后作物的茬口安排，获得全年丰收。

（三）品种特性

不同品种的生物学特性和对生态条件的反应不同，在确定移栽期时应区别对待。这一因素目前在四川的烤烟主推品种中不是主要因素。

（四）播种期

播种期和移栽期是相辅相成的，播种期由移栽期决定，相反，移栽期又受播种期影响。

**二、四川烤烟的移栽期**

四川烤烟移栽期多在4月20日至5月10日，各地可根据当地气候条件和播种期作适当调整。

## 第三节 移栽和覆膜技术

烤烟移栽是一项紧张、细致的生产环节。必须切实抓好移栽环节，既要有周密的移栽期安排和物质准备，又要有高标准的移栽质量。

**一、移栽密度**

确定栽培密度要根据烤烟品种特性（株高、叶数、叶片大小等）、自然条件（日照、温度）、栽培条件和土壤类型（田烟、地烟）决定。

一般烟地平坦及肥水条件中等以上的地块，行距1.2米，株距0.55米，种植密度1 000株/亩，肥力中等以下的或者地势不平的地块，行距1.1～1.2米，株距0.5米，种植密度1 100～1 200株/亩。

## 二、移栽方法

### （一）取苗方法

采用营养钵苗时，取苗通常连营养钵和营养土一起，待分到穴中后再去掉营养钵带土栽植烟苗。采用漂浮苗或塑料格盘苗，取苗时应带土或带基质。

### （二）移栽方法

四川烤烟栽培多采用开垄穴栽，按浇水的先后，移栽方法有干栽和水栽。

1. 干栽

先栽烟后浇水，即先按预定的行、株距开沟或穴施肥，将土、肥充分拌匀，再扒开松土栽下烟苗，壅土成垛，使土与烟苗茎紧密结合，然后浇水，待水渗后，撒上农药再覆土。移栽时要边挖穴、边移栽、边浇水。

2. 水栽

水栽是指先浇水后栽烟，即先按预定的行、株距开沟或穴施肥，将土、肥充分拌匀，浇水入穴，趁水尚未下渗时栽苗入穴，水渗后，撒上农药再覆土。这种移栽方法用水经济，烟株根系与土壤接触紧密，成活率高。适合在气候干旱、灌溉条件差的地区采用。

### （三）注意事项

第一，无论水栽或干栽，都要做到大垛，正确施肥，浇足水，行直棵匀，苗株直立，覆土埋垛 1 ~ 2 厘米。

第二，移栽时要选择大小一致的烟苗，尽可能做到当天取苗当天栽完，从而保证大田烟株生长的一致性。

第三，土壤湿度过大或雨后、雨天都不宜栽烟，尤其是在质地较黏重的土壤上，否则会引起土壤板结，阻碍烟株根系发育和对水分、养分的吸收，影响烟苗成活和前期早发。

第四，除阴天和细雨天可进行全日栽烟外，在气温较高的晴天，一般以早晨和傍晚，尤以傍晚栽烟为好。若晴天中午栽烟，因日光强烈，烟苗水分蒸腾量大，移栽的烟苗往往因失水过多，造成严重萎蔫，影响还苗时间，且成活率低。

第五，干旱天栽烟时，为了减少水分蒸腾量，可将大叶除去一部分，或摘去无用的底脚叶。

第六，无论采用穴施还是条施，肥料都应与土壤充分混匀，并保持与根系有 8 ~ 13 厘米的间隔，防止将烟苗直接栽在肥料上而造成烧苗。

第七，适当深栽，在采用高茎苗移栽时，在保证烟心不被盖土的前提下，要将烟苗茎杆的大部分栽入土壤中，防止暴露烟茎老化和促使不定根迟早发生。

## 三、地膜覆盖栽培技术

### (一) 塑料薄膜的选择

薄膜厚度以 0.006～0.007 毫米为宜，薄膜幅宽 0.80～0.90 米。薄膜的类型，以无色透明膜、光解膜或双解膜为宜，在黄瓜花叶病危害严重的地块，可选用银灰色地膜。

### (二) 整地和起垄

1. 整地

根据墒情及气候变化适时耕地，以犁破底层（25 厘米以上）为宜，以增加耕层深度，蓄水保墒，消灭虫卵及杂草种子。

2. 起垄要求

在整平的田块，按照垄的方向和垄距的大小划一直线（中心线），基肥双侧条施于中心线两侧沟里，在中心线两边、距中心线 50～55 厘米用犁往中心线方向翻土，以形成垄体，打碎大的土块。起垄方向以便于排水，操作方便，有利于通风透光为原则。包沟 1.20 米起垄，垄高 25～30 厘米，垄面宽 50～60 厘米，垄底宽 70～80 厘米（图 5-1、图 5-2）。起垄要做到垄平土细，垄呈瓦背形，垄体上无麦桩等异物，以免戳破地膜。

5-1 合格的垄

图 5-2 不合格的垄

### (三) 施肥

按本教材第六章中的“地膜烟施肥”技术操作。

### (四) 盖膜

全部实行地膜覆盖，若墒情不好或者灌溉条件差时，可先移栽后盖膜，若有较好的灌溉条件或者气候条件允许可以先盖膜后移栽。

烤烟地膜覆盖移栽过程见图 5-3。

图5-3 烤烟地膜覆盖移栽过程

第六章

# 烤烟平衡施肥技术

施肥是烟草栽培技术体系中最重要的措施。烟草的合理施肥，是以获得较高的烟叶产量和烟叶质量为目标，以烟草的营养特性为基础，根据烟草的类型和品种特性、土壤肥力、肥料性质以及烟草生育期内的气候等不同条件，来确定适宜的氮素用量、氮磷钾配比、肥料种类、基追肥用量及施用方法等。

## 第一节 平衡施肥的意义及原则

### 一、平衡施肥的意义

作物的品质、产量在一定限度内随所缺元素的增减而变动，若继续增加此因素以外的其他营养成分则难以使植物产量得以提高（最小养分律）。某种养分的效果，以在土壤中该种养分越不足时、效果越好，若逐渐增加该养分的施用量，增产效果就将逐渐减少，此规律称为报酬递减律。各种元素在植株体内数量悬殊，但都承担着特定的某些重要而专一的作用，每一种必需元素的特殊作用是其他任何一种营养元素所不能代替的，它们对植物的生长发育的重要程度没有差别，即它们都是同等重要的，这就是必需营养元素的同等重要律和不可代替律。平衡施肥就是根据以上原理，按烤烟生长的需要和土壤各种养分供应状况（供应强度和容量）缺什么、补什么，缺多少，补多少，适时适量均衡地供应各种养分，充分利用当地自然条件，生产出品质优良的烟叶，实现高产优质的经济施肥目的。

烤烟平衡施肥要求通过施肥满足各生育期的生长需求，特别是生育后期的氮素营养水平控制在适当的低水平下，以保证优质烟叶的形成。施肥适当与否的标志不是获得高产，而是使产量控制在烤烟品质的最佳的适当范围。据研究，烤烟施肥在烟叶产量、品质和产值形成中分别占 39%、25%和 48%（图 6–1）。可见烤烟只有采用平衡施肥，才能在高产目标下获得最大收益。

图 6-1 施氮适量

## 二、烤烟施肥原则

### (一) 养分平衡原则

烟草正常生长发育和产量、质量的形成需要多种烟株所必需的营养元素，而且这些元素之间存在着平衡的比例关系。这是养分平衡施肥的基本原则，如果忽视这个原则，盲目地提高某一种营养元素的用量，烟叶产量和质量就会受到影响。

### (二) 因土施肥原则

由于土壤种类不同，导致植烟土壤的养分含量、供肥性能和养分利用率有很大差异。不同的土壤条件需要与不同的施肥与栽培措施相适应，才能进一步提高烟叶品质与可用性。

### (三) 因品种施肥原则

不同烟草品种对土壤和肥料养分的吸收与利用有很大差别。红花大金元的氮、磷、钾肥利用率较高，而 K326 的肥料利用率较低，在一定条件下，烟草品种对肥料需求的差异是决定施肥量多少的主要依据。

### (四) 因气候施肥原则

气候条件主要指当年烟草大田期雨水的多少和气温的高低而言。雨水多的年份，肥料流失大，气温相应降低，肥料利用率下降，烟草的肥料用量，尤其是氮肥要适当增加。反之，施肥量要适当减少。

### (五) 最大效益原则

施肥的目的是为了提高烟叶产量、质量和施肥效益。但是，盲目增加施肥量往往适得其反。在一定的范围内，产量、质量随施肥量的增加而提高，达到某一施肥量时，产值除去肥料成本后即施肥效益最高；当施肥量增加到一定程度后，产量、质量并不相应增加；如果再增加施肥量，产量、质量还会下降，甚至对烟株产生毒害作用。

## 第二节 四川植烟土壤类型及建议施肥量

### 一、四川植烟土壤类型及养分含量情况

四川烟区属于我国第一大烟区的西南烟区，以凉山彝族自治州植烟面积最大，其次为泸州和攀枝花。其中凉山彝族自治州和攀枝花烟区地形复杂，种烟土壤类型较多。四川烟区种植面积较大的土壤类型有：紫色土、红壤、黄红壤、黄壤、水稻土、冲积土、黄棕壤等（各产区土壤类型具体参见本教材第一章第二节。

紫色土富含各种盐基和无机营养元素，土壤呈微酸性至微碱性，土壤有机质和速效磷较低，钙、镁含量较高，硼、锌、钼较缺。质地较黏重，土壤保肥性好，全氮和速效氮稍低。在这类土壤上施用有机肥可以提高土壤肥力，改善烟株生长的土壤环境。在土壤有机质含量较低的土壤上，可用 1 000 ~ 1 500 千克 / 亩的有机肥作塘肥，并做到早施追肥，对促进烟叶品质的提高是极为有利的。

红壤与黄壤为微酸性至酸性，红壤质地中等，多为砂质黏壤土，有机质多为1% ~ 3%，钙含量适中，土壤中活性铁、铝量高，镁、硼含量较低，常出现相应的缺素症。在土壤有机质含量小于 2%的土壤上，可用 500 ~ 1 000 千克 / 亩的有机肥作塘肥或盖塘肥。可在配方中加入 2%的硫酸镁和 0. 5%的硼砂。土壤中速效磷易被固定，因而要注意补充磷肥。山地红壤、黄壤、紫色土的地下水位低，肥料流失少，肥料利用率高。

水稻土多为砂质壤土，中性至微碱性土壤，有机质 1. 5% ~ 3. 5%，钙、镁含量较高，氯离子含量较低。水稻土的地下水位较高，肥料流失大而利用率较低。因此，底肥不宜施用过多和过深，应增加追肥比例和次数。

**表 6-1　四川省烟区土壤速效养分情况**

| 土壤类型 | 有机质(%) | 碱解氮（毫克/千克） | 速效磷（毫克/千克） | 速效钾（毫克/千克） | pH 值（$H_2O$） |
|---|---|---|---|---|---|
| 全省平均 | 2. 43 | 117. 28 | 19. 26 | 179. 93 | 6. 28 |
| 凉山 | 2. 51 | 118. 57 | 31. 92 | 182. 37 | 5. 86 |
| 泸州 | 2. 84 | 134. 69 | 15. 25 | 167. 52 | 6. 35 |
| 攀枝花 | 2. 47 | 154. 08 | 30. 19 | 248. 47 | 5. 87 |

续表 6-1

| 土壤类型 | 有机质(%) | 碱解氮(毫克/千克) | 速效磷(毫克/千克) | 速效钾(毫克/千克) | pH 值($H_2O$) |
|---|---|---|---|---|---|
| 宜宾 | 2. 55 | 165. 08 | 13. 42 | 258. 42 | 6. 12 |
| 广元 | 1. 55 | 85. 87 | 8. 86 | 93. 44 | 7. 22 |
| 万源 | 1. 69 | 93. 41 | 10. 10 | 109. 86 | 6. 28 |

从四川烟区近几年（2002—2005 年和 2008 年）的土壤养分资料看（表 6-1），全省土壤有机质和速效氮含量处于中等肥力水平，其中宜宾市处于高水平，广元市则处于低水平。凉山彝族自治州木里县、普格县、甘洛县土壤有机质和速效氮含量较高；会里、会东、宁南则在中等偏下的水平。泸州市的两个种烟大县均处于较高水平，其中叙永县较古蔺县高。攀枝花除米易县的普威镇、盐边的个别乡镇的土壤有机质和速效氮含量较高外，其余均处于中等水平。宜宾除通江县土壤有机质和速效氮含量处于中等水平外，其余均处于高水平。广元除剑阁县土壤有机质和速效氮含量在中等水平偏下外，其余均处于低水平范围内。万源除个别乡镇土壤有机质和速效氮含量处于高水平外，其余均处于低水平。

全省土壤速效磷含量处于中下水平，其中凉山彝族自治州、攀枝花稍高，其余均处于低水平，特别是广元和万源要注意补充磷肥。

全省速效钾含量普遍较高，宜宾、攀枝花土壤速效钾含量极高，其次是凉山彝族自治州和泸州，万源、广元含量低，注意补充钾肥。

全省的烟区除广元的 pH 值高外，均处于烤烟适栽范围内。因此广元应注意进行土壤改良。

## 二、建议施肥量

施肥数量的框定，涉及诸多因素。土壤肥力水平、种植品种的需肥特性、气候条件、栽烟密度等是施肥量确定的重要因素。在制定施肥方案时，要依据当地的施肥试验结果，采取土壤分析化验与经验相结合的方法。施肥量应根据当地的耕作制度、栽培技术、烘烤技术水平的高低不同应有所区别。根据相关资料（“土壤有效养分供应的施肥指标”体系）和研究经验，按土壤速效养分含量将土壤分为五个等级（表 6-2），同时提出了各等级的推荐施肥量。

表 6-2 土壤肥力分级标准及推荐施肥量

| 有效氮（毫克/千克） | | <60.0 | 60.0~90.0 | 90.0~120.0 | 120.0~150.0 | >150.0 |
|---|---|---|---|---|---|---|
| 施氮量（千克/亩） | 云烟 85 | 9.0~9.5 | 8.0~9.0 | 7.5~8.0 | 7.0~7.5 | 4.0~7.0 |
| | 红大 | 6.0~6.5 | 5.5~6.0 | 4.5~5.5 | 4.0~4.5 | 3.0~4.0 |
| 有效磷（毫克/千克） | | <10.0 | 10.0~20.0 | 20.0~40.0 | 40.0~80.0 | >80.0 |
| 施磷量（千克/亩） | | 12.0~14.0 | 10.0~13.0 | 7.0~10.0 | 4.0~7.0 | 4.0 |
| 有效钾(毫克/千克) | | <80.0 | 80.0~120.0 | 120.0~150.0 | 150~250.0 | >250.0 |
| 施钾量（千克/亩） | | 20.0 | 18.0~20.0 | 16.0~18.0 | 16.0 | 16.0 |

（一）氮肥用量的确定

氮是烤烟的主要营养元素，它的多少对烟草产量和品质的影响最大。不管植烟土壤类型如何和含氮量高低，要想得到适当产量和优良品质，都必须施用氮肥。氮素过多则生长过分旺盛，叶色浓绿，成熟迟缓或不能正常成熟，烤制后外观色泽暗淡，叶中蛋白质和烟碱含量高，碳水化合物含量低，吃味辛辣，杂气重，刺激性强；缺氮，则生长缓慢，烟株瘦小，叶色黄绿，若打顶后氮素营养水平太低，则叶片和根系早衰，上部叶片狭小，叶片内蛋白质、烟碱含量明显降低，烤后叶色淡，叶片薄，香气和吃味平淡。所以氮肥用量的确很重要（图 6-2、图 6-3、图 6-4）。

图 6-2 施氮过量

图 6-3　施氮不足

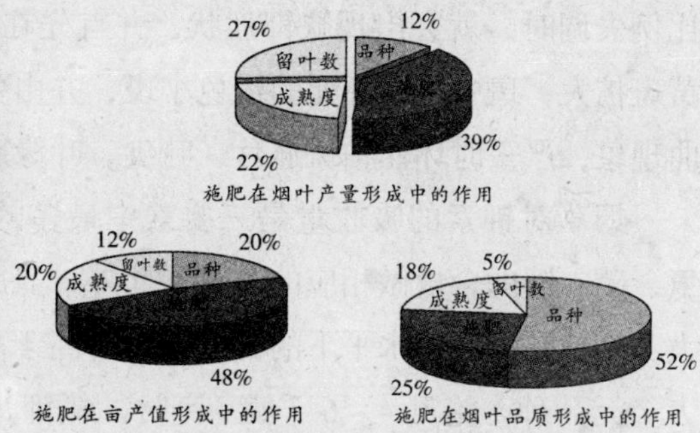


图 6-4　施肥在烟叶产量、品质、产值中的作用

从理论上来讲，确定烟草施氮量的方法，用以下公式来计算：

氮素用量 =（预定产量的烟草氮素总吸收量 - 无肥区烟草氮素吸收量）/ 施用肥料的氮素利用率。

施用肥料的氮素利用率 =［（施氮区烟草吸氮量 - 无肥区烟草吸氮量）/ 施氮总量］×100%

以上是建立在施氮区与无肥区两区的烟草从土壤中吸收等量氮素的假设上，但事实上施氮后因土壤条件不同，从土壤中吸收的氮量有增有减。这就使氮素利用率计算数值偏高或偏低，给正确计算施氮量带来较大误差。所以生产中要根据田间试验和经验对施肥方案进行调整。

（二）磷肥用量的确定

磷是烤烟重要的生命元素，烤烟的产量和品质均同磷素营养密切相关。磷素不足时，碳水化合物的合成、分解、运转受阻，蛋白质、叶绿素的分解亦不协调，因而叶色呈浓绿色或暗绿色。磷在体内易于移动，磷素不足时，衰老组织中的磷素向新生组织中转移，使下部叶片首先出现缺磷症状，叶面发生褐色斑点，而上部叶仍能正常生长。生长前期缺磷，植株生育不良，抗病力与抗逆力明显降低。生育后期缺磷，成熟迟缓。

烟草对磷的吸收量远较氮、钾少，仅为氮量的 25%~50%。由于吸收利用率低（仅为 5% ~ 10%），所以生产上的磷素施用量往往与氮量相当。在一般情况下，磷肥可根据土壤分析结果和所用复合肥进行有针对性的施用，不必单独再施用普钙或钙镁磷。

（三）钾肥用量的确定

钾素是烟草吸收量最多的营养元素，钾可以提高烟叶的燃烧性和吸食品质，故烟草含钾量亦被视为烟草品质的重要指标之一。当叶片含钾量低于某种程度，氮钾比例失调时，就会出现缺钾症状，并首先在叶尖部出现黄色晕斑，随缺钾症加重，黄斑扩大，斑中出现坏死的褐色小斑，并由尖部向中部扩展，叶尖叶缘出现向下卷曲现象，严重时坏死枯斑连片，叶尖、叶缘破碎。

烟草对钾素的吸收量是三要素中最多的。氮磷钾的比例，要根据田块中有效氮、磷、钾的含量做相应的调整。此外，氮肥和钾肥的施用比例还与氮肥用量有很大关系，在低施氮水平下的钾肥配比要高于高施氮水平下的钾肥配比，如种植红花大金元品种，施氮 4～6 千克 / 亩时，氮钾比应采用 1.0：2.5～3.0，而土壤有效钾含量处于中下等水平时，氮钾比可达 1.0：4.0～5.0；如种植 K326、云烟 85 系列等，施氮 7～9 千克 / 亩时，氮钾比可采用 1.0：2.0～2.5。总之，每亩施钾量宜掌握在 15～20 千克 / 亩较好。

## 第三节 烤烟施肥技术

### 一、施肥方法与时间

不同气候条件下，不同土壤性状的烟田由于养分的释放和流失、吸收情况不同，就须采用不同的施肥方法，以充分发挥肥料的效益，调节烟株的养分供应。

多数采用基肥追肥相结合的方法。为了促进烟株前、中期生长，大多采用重施基肥，将全部施肥量的 2/3 或者更多些当作基肥，其余作追肥。追肥的作用，不仅在于保证生育中、后期的氮素供应，防止成熟期过早地脱肥早衰，而且还可根据田间烟株的长相、土壤及气候情况，调整原定的追肥数量。追肥也是调整氮素的一个补救措施，而且追肥时可以对弱苗、小苗偏施，促其赶上壮苗，也是达到一致的有效手段。对于那些保水、保肥力差，潜在氮素比较少，后期供氮能力弱的烟田，以及前、中期雨水过多，土壤与养分流失严重的地区，追肥更是保证烟株中、后期氮素养分供应，稳定产量和品质的有效手段。

(一) 基肥施用方法

基肥的具体施用方法很多，如穴施、单行条施、环施（圈施）、双层施肥、双行条施以及条施加穴施等。这些施用方法各有利弊，简要分析如下：

1. 穴施

穴施一般在起垄后进行，开穴深度和直径为 15～20 厘米，于穴底部施入全部的基肥，经肥土拌和后，上覆生土 8～13 厘米后再栽烟苗。穴施肥料方便快速，供肥强度大，磷肥施用相对集中，烟株一旦得肥即生长迅速，在多雨条件下比单行条施肥效好。但穴施易产生肥害，尤其是在土壤水分不足或者干旱的气候条件下，肥害常很严重。同时，穴施肥料后前期养分供应充足，但后期易脱肥，在轻质土壤上，如无追肥配合，往往效果不佳。

2. 单行条施

一般是在起垄前按行距开浅沟，施入全部肥料，然后起垄、覆土、栽烟，在垄下形成一条肥料带；肥料与烟苗根系之间的生土间隔一般要求为 10 厘米左右。单行条施操作简便，但比穴施肥肥效来得差；在保肥性较好的土壤上，后劲比穴施的足。

3. 圈施（环施）

先起垄，再按株距开大穴，穴深 15 ~ 20 厘米，然后浇水栽烟苗，并在覆土一半后施肥，施肥以苗株为中心圈施，肥圈直径为 15 ~ 20 厘米，最后壅土 6 ~ 8 厘米。圈施肥料与烟草根系分布较为吻合，烟苗得肥快，供肥强度好，即使在干旱天气条件下也不会产生肥害，是一种较为理想的施肥方式。只是施肥操作较为费工费时，也不易做到施肥均匀。

4. 双层施肥

这是一种穴、条结合的立体施肥方法。于起垄前将肥料的 60% ~ 70%条施于垄底种植行上，此为下层肥；然后起垄开穴，烟苗移栽前再将基肥的 30% ~ 40%肥料施于定植穴底部，形成上层肥。上、下层肥间隔 10 厘米左右，一般不再追肥。双层施肥在地膜覆盖栽培条件下普遍反映较好，但在露地栽培条件，特别是遇土壤干旱时肥害较重。同时，上、下层肥之间的间隔不易把握，若间隔过小，相当于一次性施肥，不仅前期供肥强度大，也易造成肥料淋失。

5. 双行条施

也称双侧条施，即在移栽苗两侧开沟施肥。一般两沟相距 20 厘米，烟苗处于肥料带正中上方 3 ~ 5 厘米处，与任一肥料带水平相距 10 厘米。这种施肥方法与根系分布较为吻合，可诱导根系向两侧伸展，双向吸肥；同时，肥料条施又不过于集中。双行条施在机械作业时较为方便，一般是开双沟、施肥、起垄一次性完成。但手工操作较为费工，在生产上应用很少。

（二）追肥施用方法

追肥的时间要求在栽后 30 天前施入；对于夏烟或地膜覆盖栽培的，追肥应提早到栽后的 20 ~ 25 天施入，最迟也要在移栽后 30 天前施入，否则可能因施肥操作损害根系，影响烟草的生长发育。追肥的位置以最大叶片叶尖所对应的地下位置为宜，一般是距烟株 15 ~ 20 厘米处双侧或单侧条施，通常穴（条）施的深度以 10 ~

15 厘米为宜。

（三）叶面施肥

适宜的叶面施肥浓度应有利于肥料的多量吸收，但又不灼伤叶片。时间以傍晚和夜间无风的天气为好，以利用夜间吸收率高的特点和延长肥料液在叶面上的湿润时间，增加叶面对所施养分的吸收。喷施应着重于幼嫩或功能叶部位，且叶片的正、反两面都要喷施。如补充微量元素，一般选择苗床后期或大田期的团棵至现蕾阶段喷施，总计喷施 2 ~ 3 次即可。喷施大量元素多为调节烟株的后期营养，一般在现蕾后或烟叶刚进入成熟阶段时喷施，次数也为 2 ~ 3 次。烟草对微量元素的需要量少，反应也很敏感。因此，施用微肥需根据土壤或烟叶的化验结果进行，本着缺什么补什么的原则，切忌盲目施用。

（四）地膜烟施肥

1. 施肥量

由于覆膜后增强和加速了烟株对土壤养分的吸收，因而与露地栽培相比，地膜覆盖栽培要根据不同情况适当增减氮素用量。当土壤有机质含量较高时，可减少施肥量 10% ~ 15%；当土壤有机质含量较低时，施肥量可不变；但在干旱地区，过去施肥不足的，应增加施肥量 10% ~ 15%。

2. 施肥位置

在有机质含量高、土壤持续供氮肥力强的烟田，或者在表土层下有富氮层、氮素释放时间滞后的黄土地烟田，全部肥料采用穴施，包括穴内双条施和穴内环施。对于土壤有机质含量低、持续供氮肥力低的烟田，采用条施加穴施。而对于中等肥力烟田，则采用将全部肥料作基肥条施。

为了防止地膜覆盖栽培引发的土壤有机质分解加剧，保持与增肥地力，保证烟田持续增产和稳产，对烟草地膜覆盖栽培的烟田，适当增加有机肥的比重是十分必要的。

地膜覆盖在以化肥为主和土壤肥力较低的条件下，由于前期供肥强度大，且养分吸收高峰提前，后期往往出现不同程度的缺肥现象，因此需要进行追肥。此外，在需要揭膜的情况下，也可根据烟株长势长相，结合培土进行追肥。覆膜情况下的追肥可以采用洞施，即用直径为 3 ~ 5 厘米左右削尖的木棍捣洞，施入追肥后用脚踏实即可。洞施的深度和位置与常规追肥要求相同。在土壤含水量不高的烟田也可兑水浇施入洞，然后覆土。

## 二、施肥应注意的问题

掌握恰当的施肥方法与时期可以提高烟草产量、质量和肥料利用率。在实际生产中，施肥方法与时期上应重点注意下面几个问题：

第一，复合肥和硫酸钾应根据地下水位和肥力高低而定，提倡少施或不施塘肥（土壤肥力低则少施，土壤肥力高则不施），重施追肥（地下水位低则重基施，如地烟和山地烟；地下水位高则重追肥，如田烟）。

第二，普钙或钙镁磷肥适宜作基施，即在理墒前施用，可以提高肥效。另外，钙镁磷肥属碱性肥料，不宜与复合肥或硫酸钾等酸性肥料混合施用，以免发生化学反应而降低肥效，并且在酸性土壤上施用效果较好。

第三，防止肥料与烟株根系直接接触，可采用环状施肥，使肥料与烟株保持0.1～0.15米的距离，以免烧苗。特别是地膜烟，更要注意这个问题。

第四，地膜栽培的可持续发展问题。地膜栽培易造成土壤有机质的过度消耗，这就势必造成土壤肥力递减，发生盖膜第一年大增收，第二年小增收，第三年不增收，以后靠增施化肥维持的状况。依靠增施化肥维持烟叶内在质量相当艰难，一旦失去原有的烟叶风格，其影响是长久的。稳定和增加土壤有机质是关系到地膜栽培烟区可持续发展的一个重要问题。只有保证土壤有机质的基本稳定或增加，才能使地膜覆盖的正效应得以持续，否则，地膜栽培就成为掠夺土壤肥力的手段，对烟叶生产的可持续发展产生极为不利的影响。

第七章

# 烤烟的大田管理技术

第一节

## 烤烟大田管理的原则和要求

烟草的大田管理包括栽后保苗、中耕、除草、培土、灌溉排水、打顶抹杈等，适时而恰当地运用这些措施，就能实施对烟草的正确调控，发挥大田管理的作用，促进烤烟的优质适产。正确的大田管理要遵循以下原则和要求：

第一，根据烤烟各时期的生育特点进行管理。针对烤烟各时期的生育特点，通过大田管理，实现各生育阶段的栽培要求。即还苗期实现加速生根，促苗返青，保全苗；伸根期实现促伸根早发，上下兼顾打基础；旺长期实现旺长不徒长，生长稳健，开秸开片；成熟期实现改善养分分配，防早衰，防黑暴，适时落黄成熟。

第二，因苗、因天、因地管理。

第三，适时和精细管理。大田管理的时效性很强，操作质量对大田管理效果的影响很大，只有不失时机地进行精细管理，才能及时、正确地调控烤烟生长。

第二节

## 栽后保苗技术

栽后保苗的任务是确保全苗生长均匀一致，为适群体壮个体的形成奠定基础。

### 一、确保全苗

（一）及时查苗补苗

在壮苗和高质量移栽的基础上，烟苗移栽后 3～5 天即应开始查苗，并进行补苗。

（二）防治病虫害

烟田前期主要受地老虎、金针虫和蝼蛄等地下害虫危害。因此，除烟苗移栽时“带药”下田外，栽后也要加强对地下害虫的防治。

## 二、保苗生长均匀

对于在栽后一段时间内少数生长过大的苗，可以将其下部叶掐去一部分或摘除1～2片，以控制其生长。

对部分生长较小的烟苗，可以采用施偏心肥、偏心水的方式实行小苗偏管。小苗偏管的最适宜期是烟株进入旺盛生长以前，通过施用少量化肥或以小苗多肥、大苗少肥逐棵管理。此外，补栽苗也常是偏管的对象，需要在补苗成活后施用偏心肥、偏心水，促使其迅速赶上其他苗的生长。

# 第三节 中耕、培土和除草技术

中耕、培土和除草是烤烟大田前期的重要管理措施，是协调大田烤烟与环境以及环境各因素之间的关系，使烟株朝着有利于优质适产方向发展的重要手段。

## 一、中耕

（一）中耕的作用

通过机械力改良烟田表土物理性状，改善土壤理化因素的措施。通过中耕创造细碎的表土层，虽然增加了表土层水分的扩散作用，但是由于破坏了毛管作用，使底层土壤水分难以继续上升散失，从而可以收到保墒的效果。

中耕也是当前烟苗大田中最主要的保墒措施，也是调节土壤养分和土壤通气性的重要措施，直接或间接地对土壤养分产生重要影响。在烟草栽培中，由于移栽、灌溉及其他农业措施和降雨的作用，都不可避免地造成土壤板结，妨碍土壤气体与大气的交换。中耕能破除表土板结层，恢复土壤通气性，保证土壤得以不断地补充氧气，从而改善土壤养分状况。

另外，中耕也是铲除杂草的特效措施。早春气低温时，中耕还可以收到提高土温的效果。

（二）中耕方法

还苗期中耕应以保墒、保苗和防止杂草滋生为目的。

伸根期中耕以松土通气、促根、发肥为主要目的。伸根期一般要中耕 2 ~ 3 次，在保证中耕质量的同时，尤其要注意中耕深度的变化。开始时深度为 4 ~ 6 厘米，之后培土、除草，以后中耕深度应逐渐加深到 10 厘米左右，其中远根处深度可加深到 15 ~ 18 厘米。

团棵期中耕一般只进行 1 次，且以浅（中耕深度不超过 6 ~ 7 厘米）为好，以打破表土板结、清除杂草为目的。

中耕是一项重要而灵活性较强的措施，必须因时、因地灵活掌握。原则上，中耕宜在旺长以前进行，在勤中耕的前提下要注意雨后和旱前及时中耕，土壤质地较黏重的烟田尤应如此。在方法上，主要掌握先浅、后深、再浅和行间深、株间浅，远根深、近根浅等深度上的变化。

地膜烟在揭膜培土前中耕次数要少些，主要是除去沟内杂草，疏松沟内土壤为主，具体次数依土壤和杂草情况而定。

## 二、培土

### （一）培土的作用

培土对改善土壤环境和促使烟株生长，提高烟叶产量和质量等都有良好的作用。主要表现在培土可加厚活土层，促进烟草根系的发育；便于烟田排灌，增强防涝抗旱能力；防风防倒伏，提高抗病能力。

### （二）培土的技术要求

1. 培土的总体要求

培土通常结合中耕适时进行，一般丘陵山坡地垄高 15 ~ 25 厘米，平原地 20 ~ 30 厘米，若前茬为稻田或排水不良的烟田，垄高宜达 30 ~ 40 厘米。

2. 适时揭膜和培土

揭膜时间一般应掌握在移栽后 25 ~ 45 天内，或地下 10 厘米土温达到 30℃时。在此范围内，海拔较高或温度条件较低、雨水较多或养分易淋失的烟田，应适当迟揭，反之，应适当早揭。但若出现垄形不适、土温过高或垄体水分过大时应随时揭膜。

揭膜培土时间应选择在晴天下午以后进行，揭膜后应立即培土，以减缓揭膜后膜下表土湿度的急剧变化。

揭膜培土前先打掉底部无烘烤价值的底脚叶，并全部清理出田间并妥善处理。培土应严实，高度以 20 ~ 30 厘米为宜（图 7–1、图 7–2），杜绝只揭膜不培土或者培土不规范的现象。在揭膜时，如果墒情较差，近期又无较大降雨的情况下，有条件的烟田一定要浇足旺长水，解决好揭膜后抗旱力下降的问题。揭膜后对长势弱、肥料不足的烟株，还应施一定量的追肥后再培土。同时，揭膜培土后应及时喷施一次波尔多液，以提高烟株的抗病能力。

图7-1　烤烟揭膜培土

图 7-2　烤烟揭膜培土以后

### 三、烟田杂草防除

杂草与烤烟争夺水分和养分，影响烟叶的产量和质量。所以烟田杂草防除是大田管理的一重要项任务。烟田常用的杂草防除方法请按第八章中的烟田杂草防除技术进行操作。

### 四、摘除底脚叶

摘除底脚叶就是在烤烟最后一次中耕培土时或烟株现蕾期，将烟株底部贴近土表的几片叶摘除，可有效减轻叶斑类病害对烟株的危害。

### 五、烟田卫生

以户为单位，相对集中成片，挖好卫生池（图 7–3），集中处理脚叶、烟花、烟杈入池，撒石灰消毒，确保病害不传播。

在田间管理上还应做到田间四周无杂草、杂物，清除塑料片（袋）、空药瓶（袋），确保烟田清洁卫生。

图 7-3　卫生池

## 第四节 灌溉与排水技术

根据烤烟的需水特性合理供水，并做好排水防涝和抗旱工作，为烤烟生长发育创造良好的条件。

### 一、烤烟的需水特性

（一）还苗期

还苗期烟苗小，田间耗水以地面蒸发为主，同时还苗期短，外界气温较低，阶段耗水量不大，仅占全生育期总耗水量的 4%～5%。此期必须在烟苗移栽时灌足水分，以田间最大持水量的 70%左右最为适宜，确保烟苗成活。

（二）伸根期

伸根期既是根系发展的关键时期，又是茎、叶迅速生长，为旺长期打基础的时期。本期既要重点促根，又要根据少水促根的特点上下兼顾。此期土壤水分以田间最大持水量的 62%为适宜。

（三）旺长期

旺长期是烟草生长最旺盛和干物质积累最多的时期，体内各种代谢旺盛，加上外界气温较高，烟田耗水量激增。所以此期应确保烟田要供水充足，保证烤烟产量和质量。此期土壤水分以田间最大持水量的 81. 3%为最适宜。

（四）成熟期

成熟期叶片陆续成熟并采收，田间总叶面积逐渐减少，叶面蒸腾作用下降，烟株的生理活动以叶片的干物质积累、转化和成熟为主，上部叶仍在不断扩大生长。所以，此期土壤水分以田间最大持水量的 77. 2%为最适宜。

烟田耗水和适宜的土壤水分含量是烤烟需水的两个方面，也是烟田水分调控的主要依据。一般来说，烟叶品质在旺长期和成熟期与水分关系最密切，该阶段是烟叶产量和质量形成的两个关键时期。

## 二、烟田灌溉

### (一) 灌溉的依据

烤烟灌溉时间及灌水量多少，目前尚无统一和简便的确定方法。常以如下内容作为主要依据供参考。

#### 1. 土壤湿度

当伸根期、旺长期和成熟期土壤水分分别降至田间最大持水量的50%、70%和60%左右时，表明土壤水分已严重不足，应及时灌溉。

#### 2. 形态指标

一般上午11时以前烟叶没有表现出任何萎蔫征兆时，说明土壤水分足够，无需灌溉。当上午11时前出现萎蔫，且去掉表土后的下层土壤手握不能成团时，表示土壤水分已经不足，应当灌水。若烟株萎蔫到次日早晨还不能恢复，说明缺水严重，烤烟生长已受到影响，应当立即灌水抢救。

### (二) 灌溉方法

灌水的方法有地面灌水、地下灌水、喷灌和滴灌等。一般来说，地下灌水、喷灌和滴灌的效果优于地面灌水，但成本高，所以我国应用最多的是地面灌水。

#### 1. 地面灌溉

(1) 穴灌。普遍应用于烟苗移栽时供水，在干旱年份，穴灌的水量往往不能满足栽后烟苗对水分的需求，可在尽量开大穴、增加灌水量的同时，配合先灌水后栽烟苗的方法，以提高水分的利用效率。

(2) 沟灌。这是我国大田期的主要灌水方法。沟灌多采用单沟灌水，即一沟挨一沟地顺次浇灌，使烟田浸水均匀；在水源不足、土壤缺水较轻、气温偏低时，也可隔沟灌，这样进度快，对地温的影响较小。

#### 2. 喷灌

在有条件的地方，可采用移动式喷灌系统，喷灌强度以水能渗下，不产生径流，不破坏土壤结构为宜，水滴大小要适宜。喷灌不宜在炎热的中午或大风天进行。

烟草在清晨灌溉有助于防止一些疾病的传播，例如立枯病、霜霉病和赤星病等。

(三) 灌溉水质

灌溉用水氯离子含量不能超过16毫克/千克，铁、铝氧化物含量高的水也不能灌溉，同时为避免烤烟受病原物污染，应防止通过灌溉传染烤烟病害。

### 三、烟田排水

烤烟在大田生育期间，水分过多，轻则导致烟株生长受阻或生长不良，重则使烟株萎蔫或死亡。因此，在多雨季节，要及时做好烟田排水防涝工作。

平地烟田排水，要在做好培土起垄的基础上，重点开好排水沟。烟稻轮作烟田，还要配合高畦种植，抬高烟株的相对位置，防止和减轻烟田渍水对烟株的伤害。

坡地烟田的排水，要避免水土流失，可使垄向或沟向与坡向垂直。

## 第五节 打顶抹杈技术

### 一、打顶抹杈的作用

打顶即是将主茎顶端花蕾或花序及其以下若干片小叶一同去除的措施。通过打顶可阻止烟株的生殖生长，从而使积累和正在合成的养分集中分配于烟叶中。烤烟打顶抹杈的作用主要体现在扩大所留叶片的叶面积，延长叶片寿命，增加干物质积累，刺激根系生长，增加烟碱积累等。

打顶抹杈还是调节烤烟后期营养和烟叶质量性状的一种得力措施，通过改变打顶时间、打顶高度和留叶数，可以调节烟株对打顶反应的程度，进而控制叶片的大小、厚度、重量和烟碱含量等，使烟叶质量更加符合人们的不同要求。

### 二、打顶技术

(一) 打顶时期

(1) 抠心打顶

花蕾包在小叶内尚未完全显露时打顶，由于此时花蕾只有豌豆甚至高粱米粒般大小，需用竹针或镊子挑去，故称抠心打顶。这种方法只在烟株长势较差或后劲明显不足时才考虑。

(2) 见蕾打顶

即在烟株现蕾（平头）到中心花开放前这段时间内打顶，此时花序节间已明显

图 7-4 见 蕾打顶

图 7-5 见花打顶

伸长，且与嫩叶已能分清，趁花梗较短时将花蕾及其以下 2～3 片小叶摘除（图 7-4）。此期打顶对要求叶片大小、厚薄适中，烟碱含量中等的烤烟较为适用。

(3) 见花打顶

即在花序伸长，高出顶叶，中心花已经开放后，才将花序连同其下若干片小叶一并摘除（图 7-5）。在施肥过量情况下，见花打顶可使花梗、花序消耗一部分养分，确保烟叶及时落黄成熟。

（二）打顶高度和留叶数

打顶高度和留叶数相辅相成，打顶高度增加，留叶数增多，反之则减少。为了生产大小、厚薄、烟碱含量适中的烟叶，烤烟少叶型品种的留叶数一般掌握在 18～22 片之间。留叶片数少，不能正常落黄，烘烤困难，烤后杂色多（图 7-6）。

图 7-6 打顶留叶数少

（三）打顶考虑的因素

在一定的产量和质量目标下，打顶标准要因株打顶，根据烟株的生长势和土壤条件等加以调整，以调节烟叶的营养水平，产出更多符合质量要求的烟叶。打顶时需要考虑的因素有：

1. 气候条件

如果雨水充足，应适当提高打顶高度，相对多留叶；如果雨量较少宜较低打顶，相对少留叶。

2. 土壤条件

土壤肥力较高或后期供肥较足的，上部叶生长潜力较大，可适当多留叶，防止留叶过少，造成迟熟、降质。土壤瘠薄、施肥量少、植株生长势差的，应少留叶，以集中养分，使所留叶片得以充分生长和成熟。

（四）打顶注意事项

打顶操作要注意以下几个问题：

第一，针对烟田的具体情况，制定一个简单的打顶计划，包括打顶的时间、次数、留叶数或留叶长度，以及是否使用化学抑芽剂等。

第二，选择晴天上午打顶，雨天一般不打顶，以利于伤口愈合。

第三，所留主茎要高于最上一片叶的叶节 3 厘米左右，否则可能影响顶叶的水分保持。

第四，田间有病株存在时，打顶需先打健株，后打病株，防止接触传染。

第五，打去的花蕾或花梗不可抛在田间，以免病、虫害传播。

第六，特别不整齐的烟田需多次打顶时，一般只进行 3 次，最后一次把不整齐的烟顶也打去，以保证烟叶生长和成熟一致。

## 三、化学抑芽

图 7-7　化学抑芽

打顶后全部使用化学抑芽剂除芽。待打顶后顶叶长度大于 20 厘米时，摘除所有长于 2 ~ 3 厘米的腋芽，每升水中加入 10 ~ 12 毫升 33% 除芽通乳油的原药，混合均匀后施药。施药方法有杯淋法和笔涂法两种。杯淋法是将稀释液从烟株茎顶部淋下并浸润每一个叶腋，每株用药量 15 ~ 20 毫升（图 7-7）。笔涂法是将药液用毛笔涂抹于每一个叶腋处的一种方法，虽成本低，但用工量大。此外，也可选用抑芽敏 25%乳油、止芽素 36%乳油等化学抑芽剂按不同的使用要求进行除芽。

第八章

# 烟草大田期病、虫、草害综合防治技术

## 第一节 烟草病、虫、草害综合防治的意义和原则

烟草从播种到采收，直至烟叶仓储加工，都可能受到有害生物的侵害，严重影响烟叶的产量、质量和可用性。国际上烟草生产发达国家，如巴西、津巴布韦等，在一般年份由烟草病虫害所引致的损失通常在3%～5%，而我国仅烟草病害造成的损失就达10%～15%，说明我国的烟草病虫害防治水平与发达国家差距很大。与其他作物一样，烟草病虫草害造成危害后，往往没有有效的治疗药剂进行及时挽救，这就要求在病虫害发生的前期或发生前，搞好病虫害的预测预报，做好烟草病虫草害的综合防治，以改善烟田的生态环境，即以加强栽培管理为基础，综合应用各种防治措施，优先采用农业措施、生物防治和物理防治等方法，配合使用高效、低毒、低残留化学农药，严禁使用中国烟叶生产购销公司禁止使用的农药（或化合物）（表8-1），减少用药次数，降低烟叶农药残留量，把病虫害造成的损失降低到最低限度，保证优质烟叶的生产。

表8-1 禁止在烟草上使用的农药或化合物种类（高残或高毒农药）

| 序号 | 农药名称 | 序号 | 农药名称 | 序号 | 农药名称 |
|---|---|---|---|---|---|
| 1 | 六六六 | 17 | 氟乙酰胺(敌蚜胺) | 33 | 七氯 |
| 2 | 林丹 | 18 | 甲胺磷 | 34 | 氯乙烯 |
| 3 | 滴滴涕 | 19 | 甲基对硫磷 | 35 | 五氯酚(PCP) |
| 4 | 滴滴滴（TDE） | 20 | 对硫磷 | 36 | 氯化苦 |
| 5 | 毒杀芬 | 21 | 久效磷 | 37 | 六氯苯 |
| 6 | 二溴氯丙烷 | 22 | 磷胺 | 38 | 敌菌丹 |

续表 8-1

| 序号 | 农药名称 | 序号 | 农药名称 | 序号 | 农药名称 |
|---|---|---|---|---|---|
| 7 | 杀虫脒 | 23 | 苯硫磷 | 39 | 赛力散(PMA) |
| 8 | 二溴乙烷 | 24 | 溴苯磷 | 40 | 草枯醚 |
| 9 | 二氯乙烷 | 25 | 速灭磷 | 41 | 除草定 |
| 10 | 环氧乙烷 | 26 | 内吸磷 | 42 | 比久（daminozide) |
| 11 | 除草醚 | 27 | 八甲磷 | 43 | 2，4，5-涕 |
| 12 | 艾氏剂 | 28 | 三氯杀螨砜 | 44 | 乙基乙烯乙二醇 |
| 13 | 狄氏剂 | 29 | 乙酯杀螨醇 | 45 | 氰化合物 |
| 14 | 汞制剂 | 30 | 乐杀螨 | 46 | 黄樟素（safrole) |
| 15 | 砷、铅类 | 31 | 克百威（呋喃丹） | 47 | 硫酸亚铊 |
| 16 | 敌枯双 | 32 | 氯丹 | | |

烤烟病、虫、草害综合防治是烤烟生产的重要环节，几乎贯穿于整个烤烟生产过程。我国烤烟病、虫、草害综合防治的原则是，贯彻“预防为主，综合防治”的植保方针，突出“预防为主”的原则。其基本内容：一是从农业生态系统全局出发，根据农作物、病原、环境等各因素之间的辩证关系，创造出不利于病、虫、草害发生，而有利于农作物生长发育的条件，并把可能产生的副作用减少到最低限度；二是突出预防为主的原则，在严格执行植物检疫制度的前提下，坚持以农业措施为基础，继续搞好药剂防治，有机运用其他各种必要的防治措施，长期稳定地把病、虫、草害造成的损失压缩到最低限度；三是注意各项措施的有效性和局限性，取长补短，以起到综合协调，达到最为经济的最大防治效果。

对于综合防治更深入的理解应当是：植物病、虫、草害系统是整个农业生态系统的一个组成部分，研究和防治植物病、虫、草害，必须从整个农业生态系统发展来考虑。即合理地采用各项措施，保持整个农业生态系统的相对稳定，把病、虫、草害控制在经济允许的损失水平以下，而非彻底消灭病、虫、草害。

总之，综合防治就是采用多种措施来协调和处理好植物病、虫、草害系统中各因素间的相互关系和相互作用，把病、虫、草害的损失控制在最低水平。

## 第二节 烟草主要虫害的种类及防治措施

据调查，目前我国烟田发生的害虫有600余种，苗床期及大田期均有不同种类的害虫发生。主要种类有地下害虫类（地老虎、金针虫、蝼蛄等）和地上害虫类（烟蚜、烟青虫、斑须蝽、斜纹夜蛾、烟草潜叶蛾、烟草蛀茎蛾、蛞蝓等）。烟田发生的各种害虫都有其天敌昆虫，据调查，目前害虫天敌种类有300余种，主要有棉铃虫、齿唇姬蜂、蚜茧蜂等。由于我国地域辽阔、植烟范围广泛，而各地的生态环境不同，所以各烟区发生的主要害虫种类不同，现将四川烟区的主要害虫种类和防治措施简述如下。

### 一、地下害虫类

（一）种类及危害

烟田的地下害虫主要有蝼蛄（俗名拉拉蛄、拉蛄、土狗子等）、地老虎（俗名土蚕、地蚕、切根虫、截虫、夜盗虫等）、金针虫（俗名小黄虫、姜虫、铁丝虫、钢丝虫、金齿耙等）。在这几类地下害虫中，由于各地的生态环境不同，所发生的主要种类也不同，但其危害方式基本一致，均是在土表上下侵害烟草的根、茎或近地面处的叶片，影响烟株正常生长发育，严重时造成烟株死亡。

（二）防治方法

地下害虫的防治措施应以农业防治为基础，采用合理的轮作制度，如烟稻轮作、烟棉轮作，同时进行深耕细耙、冬耕冬灌、合理施肥等。不同的害虫采用的药剂防治方法如下：

1. 蝼蛄

毒饵诱杀：将50千克麦麸或磨碎的豆饼炒香，用90%晶体敌百虫0.5千克，加水15千克拌入炒香的饵料中，制成毒饵，将其撒在苗床上，每亩用毒饵2.0～2.5千克。

煤油水灌注法：在苗床或大田的蝼蛄隧道口，滴入几滴煤油，或在煤油中加入一些稀释后的辛硫磷（50%辛硫磷乳油5克，加水500克稀释）滴入蝼蛄隧道口，然后向蝼蛄隧道内灌水。

2. 地老虎

毒饵诱杀：90%晶体敌百虫0.5千克，加水0.5～5.0千克，喷在50千克磨碎炒香的棉子饼或菜子饼上，制成毒饵；或用2.5%敌百虫0.5千克，拌切碎的鲜青草10～35千克，制成毒草。将毒饵或毒草于傍晚撒到烟苗根际附近，每亩用量15～30千克。

喷洒药剂：50%辛硫磷乳油1 000倍液、2.5%敌杀死乳油1 200倍液浇灌烟株；90%晶体敌百虫500～800倍液喷雾或灌根。

3. 金针虫（图8-1）

防治参照地老虎的防治方法。

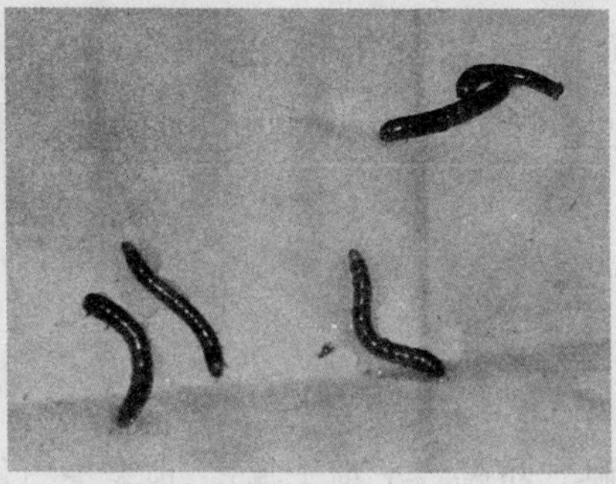

图8-1　地下害虫-金针虫

图8-2　烟蚜

## 二、烟蚜

### （一）危害

烟蚜，又名桃蚜，俗名蜜虫、腻虫，是烟田发生的最主要害虫（图8-2）。烟蚜具有明显的趋嫩性，避光性。烟蚜在田间的危害分直接危害和间接危害两种形式，直接危害是利用其刺吸式（针状）口器吸食幼嫩烟叶汁液，同时分泌出一种甜而黏的蜜露污染烟叶，诱发烟叶煤污病，使烟叶表面变黑，造成烟叶品质下降。间接危害是传播烟草黄瓜花叶病毒病等多种病毒病害，有翅蚜是传播的主要媒介。

四川、贵州烟区，4月下旬或5月上旬烟苗移栽后，迁入的有翅蚜并胎生无翅蚜在6月上旬形成蚜量高峰，以后蚜量逐渐下降，到7月中旬蚜量降至最低点，7月下旬蚜量开始回升，到8月中旬形成烟田第二次蚜量高峰，这次高峰形成快，但数量不大。

### （二）防治方法

1. 早春治蚜

为了避免烟蚜发生对烟草造成的危害，可在早春结合桃树的正常管理，在桃叶未卷叶之前，防治桃树上的蚜虫，以减少迁移蚜的数量，减少烟蚜的蚜源。对烟田四周种植的蔬菜、油菜、花卉、果树及杂草上的蚜虫均要认真进行防治，以免迁入烟田危害和传毒。

2. 苗床驱蚜、避蚜

育苗大棚的门均要安装 40 目尼龙网纱，以防害虫进入大棚，苗床可利用银色薄膜覆盖驱避蚜虫，也可以在育苗大棚内挂黄板诱杀蚜虫。

3. 药剂防治

烟草大田生长期，可在田间蚜量上升阶段进行药剂防治，此时可采用 10%吡虫啉可湿性粉剂 3 000 倍、或 3%啶虫脒乳油 1 500 ~ 2 000 倍、或 50%辟蚜雾可湿性粉剂 3 000 ~ 5 000 倍液、或 5%来福灵乳油 1 000 ~ 2 500 倍、或 90%万灵可溶性粉剂 3 000 ~ 4 000 倍液等药剂喷雾。药剂防治时，喷雾要喷洒均匀，对所有烟蚜寄生叶片都要进行喷雾，以保证防治效果。也可采用灭蚜签进行防治。

4. 打顶抹杈

及时打顶抹杈，恶化烟蚜的食物条件，促使无翅蚜转变为有翅蚜迁出烟田。

5. 其他措施

有条件的地区，也可利用麦烟套种等措施，以减轻烟蚜的危害。

### 三、斑须蝽

(一) 危害

斑须蝽，又名细毛蝽，是近年来危害烟草的主要害虫之一。在烟草上主要以成虫和若虫刺吸烟叶叶脉基部和嫩茎的汁液，使烟叶或烟株顶梢萎蔫。

(二) 防治方法

1. 人工捕捉

在烟田捕杀成虫以减少烟田落卵量，同时采摘卵块和捕杀若虫。

2. 化学防治

喷施 90%敌百虫可溶粉剂 500 倍液。

3. 打顶抹杈

及时打顶和保护天敌，均可减轻斑须蝽危害。

### 四、烟青虫

(一) 危害

烟青虫，学名烟夜蛾，俗名青虫、青布袋虫，是重要的烟草害虫之一（图 8–3）。烟青虫属多食性害虫，可侵害 70 余种作物。烟青虫在烟草现蕾以前损害新芽与嫩叶，蛀成小孔洞。留种田烟株现蕾后，为害蕾和花果，有时还能钻入嫩茎取食，造成上部幼芽、嫩叶枯死。

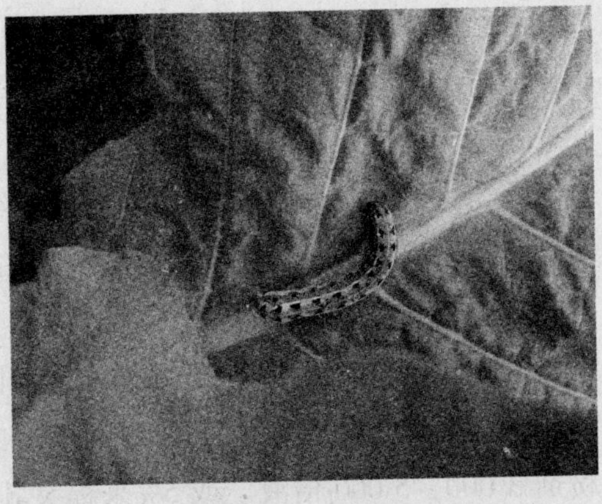

图 8-3 烟青虫

（二）防治方法

1. 冬耕灭蛹

烟青虫在各地均以蛹在土中越冬，及时冬耕可以通过机械杀伤、暴露失水、恶化越冬环境、增加天敌的取食机会等，达到灭蛹的目的。

2. 捕杀幼虫

在幼虫危害期，于阴天或晴天的早晨 4 ~ 9 时，到烟田检查新叶、嫩叶，如发现有新鲜虫孔或虫粪时，找出幼虫杀死。

3. 诱捕成虫

利用杨树枝把或性诱剂诱杀成虫。性诱剂（诱芯）的设置方法为：在简易的三脚架上放置直径 35 ~ 40 厘米的盛水皿，水中加少许洗衣粉，诱芯挂距水面 2 ~ 3 厘米，诱捕器略高于烟株。成虫盛发期挂置诱芯，诱芯有效期 20 天左右，每亩设置 1 ~ 2 个诱捕器。

4. 化学防治

于幼虫 3 龄以前，可选用 0. 5%苦参碱水剂 800 倍、或 25%西威因乳油 500 ~ 1 000 倍、或 90%万灵可溶性粉剂 3 000 倍、或 2.5%敌杀死乳油 2 000 倍、或 5%来福灵乳油 1 000 ~ 2 500 倍、或 2.5%高效氯氟氰菊酯乳油 1 000 ~ 2 000 倍等药剂进行防治。

5. 生物防治

注意保护天敌，充分发挥天敌的自然控制作用。也可利用生物制剂进行防治，如 B.t 乳剂（每克含 1 亿活孢子）1 000 倍液等喷雾，但须注意施药质量。

### 五、斜纹夜蛾

（一）危害

斜纹夜蛾，又名莲纹夜蛾，俗名夜盗虫、夜老虎、绵虫等。斜纹夜蛾也是一种杂食性害虫，斜纹夜蛾成虫昼伏夜出，卵多产于烟株中部叶片背面距叶尖 1/3 处，卵重叠成堆，每一卵块有数十粒。初孵幼虫群集在卵块附近取食，咬食烟叶下表皮和叶肉，呈半透明小孔眼，幼虫不怕光，稍遇惊吓即四散爬开，或吐丝下坠随风飘散，2 龄后分开取食，3 龄后白天隐藏不动，晚间取食，有假死性。幼虫老熟后，在烟田入土 2～3 厘米做土室化蛹。

（二）防治方法

1. 诱杀成虫

可采用黑光灯、糖醋液、杨树枝把等进行诱杀。

2. 化学防治

防治时期应掌握在 3 龄以前，可喷施 50%辛硫磷乳油 1 000 倍液、或 20%乙酰甲胺磷乳油 1 000～1 500 倍液等。

3. 捕杀幼虫

在初龄幼虫集中危害时，捕杀幼虫或采摘被害叶片。

4. 采摘卵块

在成虫活动盛期，到田间检查采摘卵块。

六、烟草蛀茎蛾

（一）危害

烟草蛀茎蛾又名烟草麦蛾，俗名烟茎食心虫、烟钻心虫等（图 8–4）。初孵幼虫蛀食叶肉，留下表皮，有潜痕，烟叶被蛀食后出现畸形、肥厚、皱缩，呈扭曲状，烟茎被蛀食处肿大成瘿，即所谓的“大脖子”。烟株受害后生长停滞、顶叶簇生、叶片厚小，影响烟叶的产量和质量。

图 8–4　烟草蛀茎蛾

（二）防治方法

1. 农业防治

烟叶收完后，及时拔除烟杆，并将其浸泡在水田或水塘里，或集中烧毁，以减少越冬虫源。苗床期结合苗床管理，拔除有虫苗，集中处理灭虫。移栽时应采用无虫健苗，移栽后及时检查去掉受害叶或捏死叶内幼虫，烟草生长后期，结合打顶抹杈，除去有虫杈芽等。

2. 药剂防治

在成虫产卵盛期，尚未出现肿胀之前，喷施 90%灭多威可溶性粉剂 3 000～

4 000 倍液。

## 七、烟草潜夜蛾

（一）危害

烟草潜夜蛾又名马铃薯块茎蛾，俗名串皮虫、绣花虫等。烟草潜夜蛾以幼虫潜食烟叶，幼虫孵化后即钻入烟叶的上下表皮之间，蛀食叶肉，仅留上下表皮，形成白色呈丝状弯曲的隧道。随着烟草的生长，隧道逐渐扩大，最后连成一片，形成透亮的大斑，称为“亮泡”。被害叶烘烤后极易破碎，致使烟叶的品质下降。

（二）防治方法

1. 加强植物检疫

烟草潜夜蛾目前已在我国大部分地区发生危害，所以在各地要严格执行检疫措施。

2. 田间防治

由于烟草潜夜蛾的主要寄主是烟草和马铃薯，在以烟草种植为主的地区，应不种或少种马铃薯，避免烟草与马铃薯轮作，收获后及时清除和处理烟株和残留薯块，减少越冬虫源。烟草移栽时，发现幼虫立即杀死，并结合田间管理及时清除有虫叶。低龄幼虫期也可采用 25%乙酰甲胺磷 1 000 倍液喷雾。

## 八、野蛞蝓

（一）危害

野蛞蝓，俗名旱螺、黏液虫、懒蝓、鼻涕虫、赤膊蜒蚰螺、泫达虫（图 8–5）。野蛞蝓属杂食性软体动物，可取食烟草、棉花、马铃薯等多种作物。在烟草幼苗期，将叶片咬成缺刻、孔洞，孔洞边缘不整齐而留有表皮，影响烟苗的生长，发生严重时可吃去叶片和生长点，造成缺苗断垄。

图 8–5　蛞蝓

（二）防治方法

1. 苗床地的选择

选择向阳、排水良好的田块作苗

床，并做到及早犁耕暴晒，远离蔬菜、油菜等虫源地。烟苗出土以后，可在苗床周围撒施生石灰造成封锁带，阻止其侵入为害。

2. 菜叶诱杀

傍晚在苗床周围撒白菜或甘蓝叶，诱捕成幼体，次日清晨检查、捕杀。

3. 毒饵诱杀

用蜗牛敌 300 克、砂糖 100 克、砷酸钙 300 克，混合均匀后，拌入磨碎的豆饼 4 千克，并加入少量的水，即成颗粒状毒饵，于傍晚将毒饵撒施在烟苗附近土面上，造成夜间活动取食时中毒死亡。

4. 药剂防治

烟苗移栽前后，于野蛞蝓取食活动时，在苗床及田埂周围喷施茶饼液。茶饼液的配制为：茶饼粉 1 千克加水 10 千克煮沸半小时或浸泡一夜，揉搓过滤后加水 60 千克。也可撒施 6%密达颗粒剂 24 ~ 33 克 / 亩防治。

## 第三节 烟草主要病害的种类及防治措施

### 一、烟草细菌性病害的种类及防治措施

细菌性病害共 8 种，分布广、危害重的有青枯病、野火病、角斑病等。

(一) 烟草青枯病

烟草青枯病是热带和亚热带地区烟草上的常见病害，在我国长江以南各省烟区普遍发生。

1. 症状

烟草青枯病是典型的维管束病害，根、茎、叶各部都可受害，最典型的症状是枯萎，染病萎垂的叶片初期仍为青色，故称“青枯病”（图 8-6）。烟株感病后，先是茎和叶脉里的导管变黑。在感病初期，田间病株常表现一边枯萎，但无低头现象，这种症状可与烟草低头黑病株相区别。病株发病一侧，根系有许多支根变黑腐烂，而叶片生长正常的一侧，其根系大部分生长正常。也有先在支脉间的局部叶肉开始产生病斑的现象。若将病部横切，可以看到发病一侧的维管束变成黄褐色或黑褐色，作切片镜检，可见维管束中充塞着很多细菌。病势继续发展，病害从茎部维管束向附近的薄壁组织和深层扩展，茎上出现纵长的黑色条斑，有时条斑一直伸展到病株的顶部，甚至达到枯萎的叶柄上。茎上出现黑色条斑是本病害的主要特征。在发病中期，病株全部叶片萎蔫，条斑的表皮组织变黑腐烂，根部亦变黑腐烂。这

图 8-6　烟草青枯病

时如将病茎横切，用力挤压切口，导管中即渗出黄白色的乳状黏液，即细菌的溢浓，这是细菌性病害与其他侵染性病害相区别的特征。病茎的髓部呈蜂窝状或全部腐烂，形成仅残留木质部的空腔，这一特征也可以与黑胫病株髓部呈碟片状相区别。发病后期，则整株枯死。

2. 防治方法

防治青枯病的有效方法是选用抗病品种和合理轮作，注意改善栽培技术，辅之以药剂防治。

（1）选用抗病品种。利用抗病品种防治青枯病，是个经济有效的措施，经测定G28、K326、K394、G40 和 D-101 对青枯病有较强的抗性，从美国引进 G28、NC89、NC82，在我国福建、广东、贵州等一些地区均表现感青枯病。

（2）合理轮作。大面积实行 3 ~ 5 年轮作，可以有效地防止此病发生。此病为好气菌，而且不侵害禾本科作物，可以实行稻 - 稻 - 烟，和烟 - 稻 - 稻等轮作制。

（3）早播早栽。适时提早播种和移栽，并注意移栽时减少根部损伤可减少感病机会。南方烟区在 5 ~ 6 月高温多雨时，大部分烟叶已经采收，即使发病，受害也可减轻。

(4) 选地和作垄。应选用土质疏松，排水良好的地块种烟。在阴雨多、湿度大的地区，还需筑高垄，垄面稍成龟背形，以免下雨时积水，保持土壤不过于潮湿，促使烟株根系生长很好，以增强抗病力。

(5) 合理施肥，注意田间卫生。苗床和大田禁用带菌肥料。注意选生茬地和水田育苗。一旦发现病株，应立即连同泥土挖起深埋，以免病菌扩散蔓延。施肥时应尽量采用硝态氮，避免施用铵态氮，根据土壤情况适当增施硼肥。

(6) 药剂防治。试验证明，用 200 毫克 / 千克农用链霉素栽后灌根，防治青枯病的效果在60%左右。此外，近年来推出的克菌康防治效果也较好。

(二) 烟草角斑病和野火病

烟草角斑病和野火病在病原特性、侵染规律及防治方法等方面都很相似，这两种病害苗期很少发生，主要发生在成株后期。病害遇多风、多雨年份暴发流行。在田间野火病与角斑病混合发生危害较大，受害叶片破碎，对产量、品质影响很大。

1. 症状

角斑病在苗期发生较少，大田后期发病较重。病叶上首先形成多角形褐色小斑点，为叶脉所限制，边缘明显，四周无明显黄晕。发病严重时，病斑形状、颜色、常有较大变异，病斑可扩大到 1 ~ 2 厘米以上，多角形或不规则形，黑褐色或边缘黑褐色中央呈灰褐色、污白色，并常出现多重方形轮纹。潮湿时病部表面有溢浓，干燥时病斑破裂脱落，叶片被毁，茎、蒴果及萼片上的病斑与野火病相似（图 8–7）。

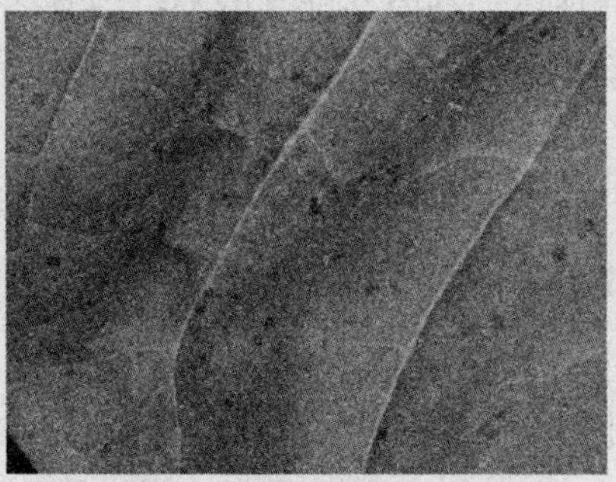

图 8–7 烟草角斑病

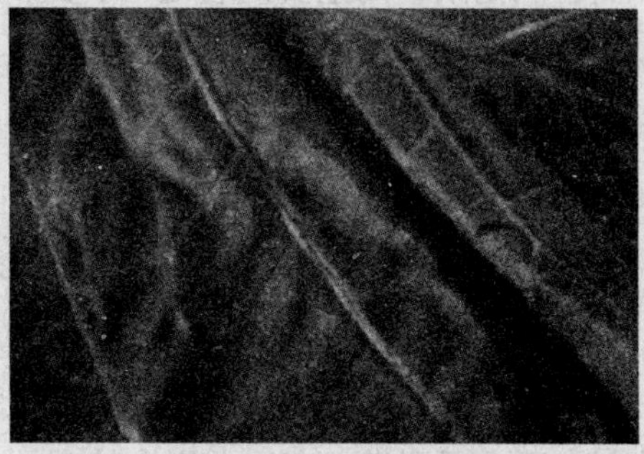

图 8–8 野火病

野火病也主要发生于大田后期，苗期和大田前期也可发生，有时也很重。病叶症状初为黑褐色水渍状小圆斑，以后病斑逐渐扩大，直径可达 1 ~ 2 厘米，四周有宽的黄晕。病斑合并后形成不规则大斑，上有轮纹，天气潮湿时病部表面有薄层菌膜，干燥后病斑破裂脱落，叶片被毁，在多雨潮湿时幼苗腐烂、倒伏，只剩顶芽直立，苍白细弱，生长极慢，茎、蒴果、萼片发病后有不规则小斑，初呈水渍状，以后变褐色，茎上病斑略下陷，黄晕不如叶片上明显（图 8-8）。

2. 防治方法

（1）实行轮作，减少菌源。烟田至少实行三年轮作制，并避免和豆科作物轮作。发病田烟叶收获后及时清除烟秸病叶，实行深耕翻土，消灭菌源。

（2）培育壮苗，适期早栽。选无病田或无病株留种，播种前进行种子消毒（方法同炭疽病），及时间苗、定苗，育苗后期加强管理，促使幼苗健壮，适时早移栽，在雨季到来之前叶片采收一半，可减轻病菌的侵染。

（3）合理施肥，加强田管。防止后期氮肥过多，并适当增施磷钾肥。根据烟田土壤肥力，施肥水平和烟株生育情况，进行适时打顶，以免贪青晚熟，降低植株抗病力。

（4）早期发病，及时防治。当早期发现田间点片发病时，应及时摘除病叶，并喷 1∶1∶150 倍波尔多液，以后每隔 6 天喷 1 次，连续喷 4 次，对野火病防效可达 60%以上。也可用 200 单位农用链霉素，每百平方米喷 16 千克，每周喷 1 次，连续 3～5 次。

## 二、烟草真菌性病害的种类及防治措施

烟草大田期真菌性病害种类繁多，主要有黑胫病、赤星病等。

（一）黑胫病

黑胫病是烟草的主要病害之一，此病蔓延很快，我国大部分的烟区均有发生，而且为害严重，在南方烟区常与青枯病混合发生，威胁更大。近年来烟草黑胫病在四川烟区已上升为第一大病害。

1. 症状

苗期发生较少，主要发生在大田。发病部位主要是茎基和根部，也可侵染叶片（图 8-9）。田间主要症状如下：

穿大褂：茎基部受害后向髓部扩展，影响水分的运输，病株叶片自下而上依次变黄，大雨后遇烈日、高温，则全株叶片突然凋萎下垂，然后枯死，呈现出“穿大褂”状。

黑膏药：在多雨潮湿时，中下部叶片常发生圆形大斑，直径可达 40～50 毫米，病斑初无明显的边缘，水渍状暗绿色，后迅速扩大，中央呈褐色，有轮纹，形如膏药状。

笋节状：或碟片状，剖开病茎则见髓部干缩呈碟片状，整体看像笋节状，其间

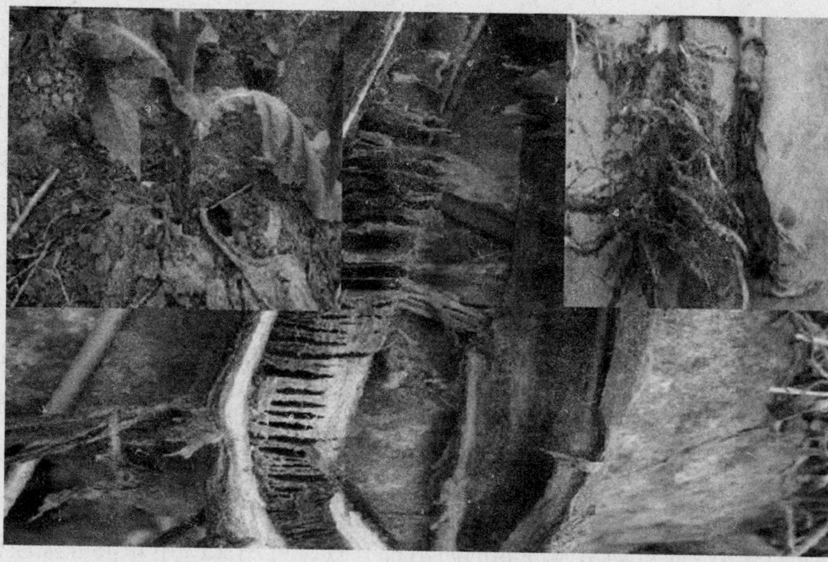

图 8-9　烟草黑胫病

有棉絮状物。但注意与茎腐病混淆，在天气潮湿时，病部产生白色绒状物，即菌丝体和孢子囊。

腰烂：叶片上的病斑放大，至通过主脉、叶柄蔓延到茎部而造成茎秆中部腐烂，群众称为腰烂，在此茎段以上的叶片萎蔫，甚至枯死。

2. 防治措施

(1) 种植抗病品种。种植抗病品种是防治黑胫病经济而有效的措施。生产实践表明，目前生产上推广的大多数国外品种，如 K326、K346、K394、NC82、G140、G28、G80、RG11、RG17 等都是较抗黑胫病的品种，各地可根据实际需要选用。红大属高感品种，尽可能不在重病区种植（表 8-2）。

(2) 农业防治措施。主要从如下几方面进行防治：

一是实行轮作。间隔 2 或 3 年两头栽烟，并尽量与禾本科作物或甘薯轮作，不要与茄科作物轮作，有条件的地方可实行水旱轮作。烟草黑胫病菌在旱地一般可以存活三年以上，而在烟稻轮作的烟田中，因为感病组织在淹水条件下迅速腐烂，一般情况下存活不超过一年。

二是适时早栽。使烟株感病阶段避过高温多雨季节，可减少病害的发生。平整土地，起垄培土，开好排水沟，使病田流水不与烟株茎基部接触，减少感病机会。南方烟区宜采用高畦栽烟，可防止田间过水、积水。

三是注意田间卫生。不用病地、过水地及低洼积水地作苗床或烟地，移栽时选用无病壮苗，在晴天及时清除底部病叶及病株，并带出田外深埋或销毁，使用农家有机肥应充分腐熟。

四是注意揭膜时间。由于膜下土温较高，土壤湿度较大，较有利于黑胫病的发生。因此，各地在气温条件已满足烟株生长时应及时揭去地膜。

(3) 化学防治措施。由于目前多采用药剂熏蒸苗床，苗床上该病一般较少发生，在未进行药剂处理的苗床，苗期可喷施 1∶1∶160 的波尔多液 2～3 次，或播种后 2～3 天用 25%甲霜灵可湿性粉剂 800 倍液喷洒苗床进行预防和防治。

大田期药剂施用的时间和方法对于成功防治烟草黑胫病十分重要。施药时间一般做法是在移栽时或移栽缓苗后施药 1 次，当田间发现有黑胫病零星发生时进行第二次用药，以后每隔 7～10 天用药 1 次，连续用药 2～3 次，基本上可以控制该病的危害。施药方法是向茎基部及其土表浇灌药液，实施局部保护，比整株喷雾可减少用药量，降低防治成本，又能充分发挥药剂的防病保产作用，保证防治效果。

目前有许多药剂对烟草黑胫病的防治都有效，可用 25%甲霜灵可湿性粉剂或 58%甲霜灵锰锌可湿性粉剂每公顷 1.5～1.8 千克，兑水 750 千克浇灌或喷洒茎基部，每株用药液量 30～40 毫升；每亩用 40%敌克松 0.35 千克，兑干细土 15～20 千克，移栽和培土时各一次施于烟株周围，并用土覆盖；培土后，可用敌克松 500 倍液，浇灌或喷洒茎基；每亩用 1 千克 40%乙磷铝（霜疫净）可湿性粉剂或每亩 150～200 克 64%杀毒矾或 72.2%霜霉威（普力克）水溶性液剂 600～1 000 倍液喷雾或浇灌茎基部。但要注意周期性轮换使用具有不同作用机制的杀菌剂或与其他杀菌剂混合使用才能取得理想的防治效果。

总之，烟草黑胫病是一种典型的土传病害，它的防治要实行以轮作和种植抗病品种为主，结合药剂防治为辅的综合性防治措施，这样才能取得比较好的防治效果。

(二) 烟草赤星病

烟草赤星病在四川省各烟区近年来发生也较严重，个别烟区还造成数千亩的毁灭性损失。

1. 症状

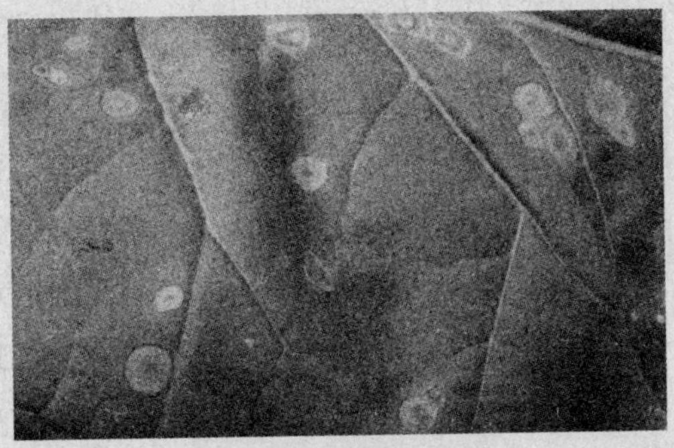

图 8-10　烟草赤星病

赤星病一般在烟草下部叶开始成熟时发生，下部叶最先发现有病斑，以后逐渐向上部发展。最初在叶片上出现黄褐色圆形小斑点，直径 1 毫米，以后变为褐色。病斑最初直径可达 10～20 毫米，有明显的同心轮纹，病斑边缘明显，外围有淡黄色晕环，病斑中心有深褐色或黑色的霉状物，即分生孢子和分生孢子梗，这是该病田间诊断的依据。天旱时病斑中部产生裂孔，严重时许多病斑相互连接并合，使病斑枯焦、脱落（图 8-10）。

在发病条件适宜时，发病迅速，病斑形成较大，颜色较暗，反之病斑小，颜色淡。严重时在叶片中脉、花梗及蒴果上可产生大量小而深褐色或黑色斑点，茎部可产生圆形或长圆形深褐色凹陷病斑，一般抗病品种叶片上病斑数量少。

2. 防治方法

烟草赤星病的防治，必须坚持预防为主，综合治理的方针，着重进行合理、正确的药剂防治。

（1）推广种植优质、抗病品种。目前生产上种植的优质品种多不抗病，可利用品种较少，中烟 90、中烟 9203、G28、K346 以及最近国内育成中烟 98、CF965 抗性较好，在重病区可根据当地情况选择种植（表 8-2）。

（2）农业措施防治。主要从如下几方面进行防治：

①实施早育苗、早移栽。在一些老病区可以适时早栽，提早成熟采收，使叶片成熟期避开赤星病盛发期，是控制赤星病发生的有效措施。

②控制植烟密度。根据品种特性、土壤肥力条件，做到合理密植，以成株期时叶片不封垄为宜，一般在 1 100 株左右，连片种植控制在 150 亩以下。

③平衡施肥，增施钾肥。在当地测土施肥基础上，增施一些钾肥，或采取团棵期、旺长期、平顶期喷施 1%磷酸二氢钾 3 次，效果较好。

④合理打顶。尽量避免打顶过低形成伞形烟。

⑤合理轮作。赤星病菌在土壤中可存活 1 年以上，轮作可减少土壤中含菌量，减轻赤星病危害。

⑥搞好田间卫生。及时采收或打掉底脚叶，烟叶、烟杆、烟杈不要随地乱扔，应带出田外深埋或晒干销毁，减少侵染源。

（3）化学防治。根据病害发生情况，及时合理用药。由于生产上可选用优质抗病品种较少，药剂防治是目前生产上推广的主要措施。但赤星病的药剂防治必须注意以下两点：

①确定最佳施药时期。施药时间应考虑以下三个因素：一是烟株下部叶已进入成熟期；二是结合本地的发病情况，结合摘除底脚叶进行第一次喷药；三是根据天气预报来确定是否喷药及喷药的间隔时间，若未来几天天气连续降雨、湿度大或露水大，雾期长，就应及时喷药，隔 5 ~ 7 天左右喷 1 次，连续 2 ~ 3 次。反之，未来一段时间天气干旱，且变化不大，可不喷或间隔 10 天以上喷 1 次，避免浪费人力、

物力。

②确定正确的施药方法。一般施药可结合烟叶采收进行，每次喷药应在采收后当天或次日进行，不仅可减少田间菌源，又可减少用药量，降低烟叶中农药的残留量。另外，喷药一定要均匀、全面，着重中、下部叶，进行自下而上和烟叶正反面喷施，以叶面布满药液不滴为宜。喷药后24小时内如遇大雨，应及时进行补喷。

③药剂种类及用法。目前以40%灰核宁可湿性粉剂、40%的菌核净可湿性粉剂防效最为稳定、突出，一般防治效果可达75%以上。生产上使用浓度400～600倍，根据烟株大小喷施药液，一般每亩用药液50～60千克。在田间未发病或零星出现病斑时，每亩用60千克药液的10%宝丽安（多抗霉素）可湿性粉剂800～1 000倍或1.5%多抗霉素可湿性粉剂500倍，预防效果较好。或者与40%灰核宁可湿性粉剂、40%的菌核净交替施用。另外扑海因1 500倍也具有较好的效果。

总之，赤星病是一种典型的气媒病害，只要根据当地病情和气候情况，选择合适的药剂，掌握正确的用药方法，是可以完全控制赤星病的。

（三）蛙眼病

蛙眼病遍及世界各烟区，是烟叶成熟期经常发生的病害，一般为害较轻，但当条件适宜，栽培感病品种和施肥不当时损失较重，也可能侵染采收装入烤房的烟叶，产生绿斑和黑斑。在我国主要危害大田烟叶，使烟叶出现绿斑，易破碎，降低产量和质量。

1. 症状

主要发生于大田期成株叶片上。病斑圆形，比赤星病斑小，病斑褐色或灰白色，中央为白色，有狭窄而带深褐色的边缘，病斑中央散布长的分生孢子和短的分生孢子梗组成的微小黑点，形如青蛙眼球状，故名蛙眼病。病害发展到后期，如遇暴风雨时病斑常破裂脱落穿孔。

2. 防治

（1）早栽和适时烘烤，早育苗，早采收，及时采摘病叶，减少传染源。

（2）实行2～3年轮作，合理密植，科学施肥，提高抗病力，注意田间卫生和田间排水。

（3）药剂防治。用波尔多液（1∶1∶200）于发病前每隔5天一次预防。用400倍绿得宝、或用500倍铜高尚、或用40%灭病威400倍加高脂膜300倍、或用40%多菌灵400倍、或单独用40%灭病威400倍，均能达到良好防治效果。

（四）根黑腐病

根黑腐病分布广泛，近年为害有所加重，一些地区或年度发生较重。

1. 症状

图 8-11 烟草根黑腐病

在烟草的整个生长期均可发病，尤以幼苗期至现蕾期发病较重，主要侵染烟草根系，呈特异的黑色。幼苗很小时，病菌从土表部位侵入，病斑环绕茎部，向上侵入子叶，向下侵入根系，使整株腐烂呈“猝倒”症状。较大的幼苗感病后，根尖和新生的小根系变黑腐烂，大根系上呈现黑斑，病部粗糙，严重时腐烂，拔出幼苗大部分根系断在土壤中，仅见到变黑的茎基部和少数短而粗的黑根与主干相连。发病苗床烟苗长势和叶色不均匀。大田期被侵染的烟苗生长缓慢，重病株大部分根系变黑腐败，在病斑上方常可见到新生的不定根，植株严重矮化，中下部叶片变黄枯萎，易早花。轻病株生长高度正常，但中午气温高时，因根系被破坏而供水不足，植株呈萎蔫状，夜间和清晨可恢复正常。在田间极少整田发病，多为局部或零星发病（图 8-11）。

2. 防治方法

（1）选用抗病品种。NC82、NC89、NC60、G140、红花大金元等对根黑腐病有较好的抗性。

（2）培育无病壮苗。

（3）与禾本科作物进行 3 年以上轮作。

（4）田间科学管理。采用高垄栽培，施用腐熟有机肥，避开低温期移栽，遇低温加强中耕，提温散湿，及时清除田间杂草，减少土壤菌源。

（5）发病后可用药剂防治。移栽时每亩用 75%甲基托布津可湿性粉剂 50 克拌细干土穴施，或加水 50 千克浇施。发病初期可喷施 75%甲基托布津可湿性粉剂 1 000 倍液、或 50%多菌灵可湿性粉剂 500～800 倍液、或 50%福美双可湿性粉剂 500 倍液。

## 三、烟草病毒病害的种类及防治措施

在 20 世纪 40～60 年代，烟草普通花叶病毒（TMV）主要在美国、西欧等烟区流行，直至 20 世纪 70 年代以后，此病在我国发生日益普遍而严重，引起多次大区流行。

（一）烟草病毒病害的种类

1. 烟草普通花叶病毒（TMV）

（1）发病时期。TMV 自苗床期至大田成株期均可发生，移栽后 20 天到现蕾期，为发病高峰期，打顶后田间病株仍呈上升趋势，但主要在烟杈上显症，危害不大。

（2）症状特点。TMV 感染后，首先在新叶上出现“明脉”症状，而后出现花叶症，形成黄绿相间的花叶斑驳，叶片基本不变形，但叶肉明显变薄或厚薄不均。重型花叶指感病植株呈典型花叶，叶缘逐渐形成缺刻并向下卷曲，皱缩扭曲，植株矮化，生长停滞。花叶灼斑只在典型花叶的植株上，中下部叶片出现大面积红褐色坏死斑（图 8-12）。

图 8-12　烟草普通花叶病

2. 黄瓜花叶病毒

黄瓜花叶病毒（CMV）为全世界烟草病毒病中最常见、流行最广的病害之一。该病毒由烟蚜及其他多种蚜虫传播，随蚜虫的迁飞而传播流行。此病发病流行速度快、来势迅猛，常在烟叶移栽后缓苗团棵期迅速发生，造成烟株早期发病，导致生长发育停滞，严重减产。

(1) 发病时期。移栽后开始发病，旺长期为发病高峰。

(2) 症状：发病初期叶表面呈明脉症状，后逐渐在新叶上表现花叶，病叶变窄，叶尖细长，有些病叶边缘向上翻卷，在中下部叶片上常出现沿主脉深褐色的闪电状坏死斑纹，植株随发病迟早也有不同程度的矮化，根系发育不良，遇阳光暴晒或干旱，极易引起花叶灼斑的症状（图 8-13）。

图 8-13　烟草黄瓜花叶病毒

3. 马铃薯 Y 病毒

马铃薯 Y 病毒（PVY）由 Smith 于 1931 年首次发现，在世界各地均有分布，严重危害烟草，近年更引起世界关注，我国东北烟区、黄淮烟区及西南烟区都有不同程度的发生。此病引起的损失因烟草生育期和病毒株系不同而异，如果烟草在团棵期前感染 PVY 的强株系，可导致绝收，若感染弱株系或近收获期感病，则减产相对较轻。除产量损失外，更为严重的是病叶烤晒后色泽和烟味较差，品质大为降低。

(1) 发病时期：自幼苗至成株期都可发病，以大田成株期发病较多。

(2) 症状：烟草感染 PVY 后，因品种和病毒株系的不同，所表现的症状亦有明显差异（图 8-14），大致分为 4 种类型：

图 8-14　马铃薯 Y 病毒

①花叶症。叶片在发病初期出现明脉，而后形成系统花叶，由 PVY 普通株系所致。

②脉坏死症。病株叶脉变成深褐色至黑色坏死，有时坏死延伸至主脉和茎的韧皮部，病株叶片呈污黄褐色，根系发育不良，须根变褐，数量减少，由 PVY 的脉坏死株系所致。

③点刻条斑症。发病初期先形成褪绿斑点，之后变成红褐色的坏死斑点和条斑，整个叶片为褐色呈“焦灼”状，由 PVY 点刻条斑株系所致。

④茎坏死症。病株茎部维管束组织和髓部呈褐色坏死，病株根部腐烂，由 PVY 茎坏死株系所致。

4. 蚀纹病毒病（图 8–15）

图 8–15　烟草蚀纹病毒病

烟草蚀纹病毒病（TEV）分布相当普遍，在我国各产烟区几乎都有危害，且与 PVY 等病毒复合侵染引起更为严重的坏死症状，应引起重视。

（1）发病时期：该病由烟草蚀纹病毒（Tobacco etch virus，TEV）引起，是马铃薯 Y 病毒属中的一个重要成员。TEV 在四川省烟草上有 2 个株系，即轻症株系（$TEV^{M}$）和重症株系（$TEV^{S}$）。烟草蚀纹病主要发生在大田期。

（2）症状：一种是感病叶片初出现 1～2 毫米大小的褪绿小黄点，严重时布满叶面，进而沿细脉扩展呈褐白色线状蚀刻症。另一种是初为明脉，进而扩展呈蚀刻坏死条纹。两种症状后期叶肉均坏死脱落，仅留主、侧脉骨架。感病植株的茎和根亦可出现干枯条纹或坏死。轻度发病的叶片有隐症或轻微褪绿脉。重病株除叶面典型蚀纹症状外，整个株形和叶形亦发生病变，使叶柄拉长，叶片变窄，整株发育迟缓，与健株差异明显。

（二）烟草病毒病害的综合防治措施

目前烟草病毒病仍没有很好的单一防治措施，在病害发生后也缺乏有效的治疗方法。因此，烟草病毒病的防治应以“预防为主”，并围绕这个中心采取一系列防病措施，以减少病毒传染或切断传染途径和提高烟草本身的抗病性为根本目的。

1. 选用抗病品种

在抗花叶病方面，国内育成品种的抗病性多高于外引品种，可根据各地具体情况适当选用。但这些抗病品种多具有抗 TMV 等基因，往往与品质性状有矛盾，在具体应用时应注意栽培调控，以提高烟叶质量，可选用相对较抗病毒如中烟 98、NC89 等品种（表 8–2）。

2. 栽培措施防病

（1）加强苗床和田间管理，提高烟株自身抗病性。

（2）培育无病壮苗，田间及时中耕、培土、除草、浇水，提高烟株自身的抗病性。

（3）均衡营养，提高烟株自身抗病性。氮、磷、钾合理配比，适当提高钾肥用量。氮：磷：钾以 1：2：2 或 1：2：3 为好。提倡在生长前期叶面喷施磷酸二氢钾（100 倍）或绿芬威 1 号（500 倍）2 ~ 3 次，以提高烟株中钾含量，增强烟株自身的综合抗病力。

3. 避蚜防病

（1）设置防虫网。大棚以不低于 40 目的防虫网遮挡通风处，普通苗床预先在薄膜下铺设防虫网，以防蚜虫在炼苗和放风时进入苗床。

（2）地膜覆盖。以普通地膜或银灰色地膜覆盖为主。地膜覆盖在提高地温等综合效应下促进了烟株生长，提高了烟株自身的抗病性，同时也能有效地驱避病毒传播媒介蚜虫，极大地减轻花叶病危害（减低大约 50%左右）。

（3）麦烟套栽。在麦烟共生期内小麦可有效地阻挡蚜虫向各烟株上转移，从而减少了传播病毒的机会，使病毒病的发生大幅度降低，防病效果很好。黄淮烟区麦套烟宜将麦茬留 30 ~ 35 厘米，在割麦 10 ~ 15 天后再灭茬。

4. 注意苗床和田间卫生

（1）苗床消毒。用菌毒清或其他抗病毒药剂消毒苗床土。

（2）种子消毒。烟草种子虽本身不带毒，但种子表面及杂质会带毒。可采用菌毒清 100 倍液消毒，也可用 0. 1%硝酸银液消毒。

（3）人手、工具等的消毒。在进入苗床或大田前用肥皂水洗手消毒。进行苗床或田间操作时，对可能接触到烟株的工具，均应严格消毒。特别要注意用菌毒清 100 倍液或其他抗病毒剂在剪苗前对剪苗工具及在剪苗过程中进行一次消毒。

（4）注意田间操作卫生，以防传播病毒。杜绝在苗床和田间吸烟。打顶抹芽时先健株后病株。移栽后剩余烟苗要及时处理，如深埋等。对早发病烟株要及早拔除，带出烟田销毁，以消灭再侵染源。打顶抹芽时的烟杈及底脚叶等均应带出田外销毁。

5. 施用抗病毒剂

抗病毒剂是以抑制病毒的活性和诱导烟株产生抗性为主，因此一定要掌握在病毒侵入烟株之前应用。根据有关抗病毒剂抗性机理研究结果，提出如下施用程序：苗期用药 1 ~ 2 次。移栽前 1 天用药 1 次，以防止病毒在移栽时通过接触传染。移栽后的生长前期施用 3 ~ 4 次。

目前生产上应用较好的抗病毒剂有：500 ~ 800 倍病毒必克、400 倍金叶宝、250 倍菌克毒克、600 倍植病灵（Ⅱ）号乳油等。

6. 其他辅助措施

对早发病烟株及早拔除，带出烟田销毁，以消灭侵染源。

## 四、烟草其他病害防治措施

（一）根结线虫病

烟草线虫病在我国发现有 3 种（类），即烟草根结线虫、孢囊线虫和烟草根褐腐线虫。其中烟草根结线虫分布广、危害重，病区逐年扩大，特别在干旱年份的砂壤土上种植感病品种，发病更重。根结线虫病除直接危害外，还经常诱导其他根茎病害。

1. 症状

图 8–16　烟草根结线虫病

苗期和大田期均可发生，但苗期因温度较低，侵染时间短，极少表现症状（图8–16）。因此，主要在大田期危害。

地上部：矮化、黄化、叶片自下而上依次变黄下垂，最后干枯，叶尖和叶缘出现红褐色坏死斑块，且叶缘外卷，类似缺钾症，并出现不正常早熟，使烟叶产量和质量下降。

地下部：形成大小不一的根结，严重时整个根系肿胀鸡爪状，发病后期部分根腐烂中空，仅留变粗的主根。田间病株分布的特点是顺垄发生，很少连成片。

2. 防治

对于烟草根结线虫病的防治，虽然轮作是最经济有效的防治措施，但由于我国烟区分布比较集中，大面积轮作较难实行，目前多采用以农业措施为基础，以选用抗病、耐病品种和药剂防治为重点，积极开展生物防治的综合防治措施。

(1) 选用抗病、耐病品种。目前世界范围内育成的抗病烟草品种只对南方根结线虫1、3号小种高抗，如NC89、K326、RG11、K346等（表8-2）。因此，各地在选用抗病品种防病时，应当明确当地危害的根结线虫种类，才能有效地利用这些品种的抗性，达到优质、增产的目的。

(2) 栽培防病。主要栽培防治措施有：

①合理轮作。病区烟田应实行3年或3年以上轮作，一般以选用禾本科作物轮作为宜，在一些有条件的地区实行水旱轮作效果更为理想。

②培育无病壮苗。培育无病壮苗可减少苗期感染，从而减轻根结线虫在大田期的危害。苗床土以选用山坡生土为最好，也可应用未栽过烟和未种过菜的大田土。应使用已经腐熟且未经烟草和蔬菜残体污染的农家肥配制营养土。目前苗床土和营养土一般采用溴甲烷和威百亩（斯美地或适每地）等药剂进行消毒，可有效杀灭线虫，并可兼治苗期土传病害、地下害虫，而且还可防除苗床杂草。

③清除烟株病残体及杂草。在烟叶采收结束后，彻底清除和销毁病株残体以及田间杂草，可以有效地降低土壤中的虫源基数，减轻危害。

④翻耕晒土。在烟草移栽前，应及时翻耕晒土两次。每次置于烈日下曝晒7日以上，可有效杀死土壤中的二龄幼虫及卵，减少土壤中初侵染的线虫基数。另外冬季翻耕晒土，可更有效地杀死土壤中的越冬线虫，从而减少土壤中的越冬线虫成活数量。

⑤施用有机饼肥，增施钾肥。施用有机饼肥，有利于烟株根系发育，提高烟株抗性，同时利于土壤中根结线虫天敌的生长、繁殖，提高对线虫的控制作用。另外很多有机肥中的降解产物可抑制线虫的正常生长发育。

(3) 药剂防治。化学药剂可在一些重病区适当选用。目前采用的杀线剂多为内吸性颗粒剂。如0. 8~1千克/亩的15%铁灭克（或2~3千克/亩的5%涕灭威）、2~3千克/亩的10%克线磷等均有良好的防效。目前生产上一般采用移栽时穴施药土，但须注意避免药剂与烟根直接接触，以免产生药害。但因大多数药剂毒性较高，应用成本高，不宜大面积进行化学防治。另外，在南方地下水位较高的地区不宜应用这些药剂，以避免污染水源，引起人畜毒害。

(4) 生物防治。生物防治是目前积极倡导和推广的方法，在烟草生产上试验、示范以及推广应用的生物制剂主要有两种，一种主要由厚垣轮枝菌（Verticillium liacinus）研制的生物杀线粉剂，一种主要由淡紫拟青霉（Paeciomyces chlamydosporium）研制的生物杀线粉剂。两种药剂一般在移栽期和旺长前期进行两次穴施，对烟草根结线虫有较好的防治效果。

（二）气候性斑点病

气候斑是由大气污染等非生物因子引起的，自 20 世纪 70 年代以来，随着国外品种的引进，损失逐年加重，应引起高度重视。

1. 症状

图 8–17 烟草气候性斑点病

引起气候斑的主要原因是由于空气中的臭氧（$O_3$ 毒害，其次是其他空气污染物，包括过氧硝酸乙酰酯、臭氧化乙烯 –1、二氧化硫等。烟草气候斑病一般发生于烟草团棵期至旺长期的中下部已全部伸展的叶片上，但早花烟株的脚叶和在适宜病害发生条件下于旺长后期至成熟采收中后期的中上部叶片也时有发生，但常仅发生于某一部位叶片上。因病害的发生时期和发生条件不同，病害的症状有如下类型(图 8–17)。

(1) 白斑型。病害发生于团棵期后中下部叶片上。病斑一般圆形、近圆形或不规则形，大小 1 ~ 3 毫米。初水渍状，后变褐色，在 1 ~ 2 天内再变为灰白色甚至白色，病斑外缘组织稍褪绿变黄，斑点常集中在主脉和侧脉两侧和叶尖部位。最后，病斑中心坏死、下陷，严重时穿孔、脱落，特别严重时，病斑联合穿孔，可使叶片破烂不堪。但病斑中央不透明，也无黑点或黑色霉状物。

(2) 褐斑型。此型亦发生于团棵期后中下部叶片上。症状及其演变与白斑型类似，但病斑变褐色后，不再变为灰白色，仍长期保持褐色。病斑内缘色更深，病健交界更明显。

(3) 环斑型。病斑常在白斑和褐斑的周围具 1 个甚至 2~3 个由多点间断组成的轮环，极似烟草环斑病毒病症状。但它不能经摩擦等汁液接种传病。这种环斑在同一叶片上，可以与上述两斑型同时发生，但所出现的数量及其与两斑型的比例则有多有少，斑点色泽也有白色与褐色两种。

(4) 尘灰型。病斑极小，且互相紧靠，似尘灰或一般植物叶片受红蜘蛛危害状。初灰白色，后变褐色，多发生于嫩叶叶尖、叶缘和生长稍差较薄的叶片上，受害处也很少穿孔。

(5) 坏死褐点型。多发生于始花期后下中部叶处至上中部叶片上。病斑初位于叶片表皮下，大小针头状，暗紫色至黑色，水渍状，后变褐色或黑褐色。病斑常聚集成片，叶片迅速黄化早衰甚至坏死。多发生于烟株根部发育不良的水田和排水不良的旱地上。

(6) 非坏死褐色型。发生叶位与坏死褐点型相同。病斑大小、色泽及演变亦与坏死褐点型相似。病斑较少、分散、大多互相不联结，组织不坏死，叶片除斑点外仍保持绿色。多发生于氮肥不足的烟株叶片上。

(7) 成熟叶褐斑型。发生于烟株成熟阶段已充分生长的叶片上。病斑发生于叶片转黄处，初褐色，较小，后扩大合并为不规则形的褐色大斑。多发生于荫蔽烟株叶片上。

(8) 雨后黑褐斑型。发生于成熟阶段中上部叶片上。病斑初位于叶缘或叶脉旁，水渍状，后迅速扩大，变黑褐色，不规则形，组织坏死。多发生于排水不良、荫蔽或生长差的烟株上。

在上述这些类型中，白斑型乃是最常见类型，褐斑和环斑型在广东、广西、山东和福建等地也较多，四川省烟田中有些症状也与之相类似。

2. 防治方法

(1) 选用抗病品种，增施磷、钾肥，控制氮肥。

(2) 进入团棵期可喷施增效波尔多液 300 倍，隔 10 天喷 1 次。其他抗臭氧剂，如活性炭、三甲基喹林、代森锌、代森锰，可减轻危害。此外，用氧化萎锈灵 333 毫克 / 千克喷施叶面，可有效保护烟株免受危害。

## 第四节 烟田主要草害的防治措施

烟田杂草与烟草竞争水分、空间和营养，尤其是我国南方烟区，在烟草生长季节，温度高，降雨量大，杂草的生长和危害已成为生产中的突出问题，影响了烟叶的产量和质量。同时茄科、蓟科等一些杂草还是烟草病毒病、黑胫病的寄主，一些十字花科杂草及小旋花是蚜虫的寄主，而蚜虫又是烟草病毒病传播的媒介，对烟草具有间接的危害。人工除草费工费时，效果也不好。

### 一、我国烟田主要杂草的种类

我国烟草种植地域广泛，生态条件差异极大，烟田杂草种类繁多（图 8-18）。主要有马唐、狗尾草、千金子、稗、牛筋草、画眉草、看麦娘、早熟禾、狗牙根、

图 8-18 烟田杂草

荩草、雀舌草、繁缕、铁苋菜、苍耳、莎草、猪殃殃、鸭跖草、马齿苋、龙葵、藜、荠、苦卖菜、蒲公英、小旋花、香附子、蓼、小飞篷等。其中以一年生单子叶和禾本科杂草数量最多、危害最严重。

## 二、烟田杂草的防除

烟草大田杂草的防除主要靠农业防治、覆盖薄膜、化学除草等。

(一) 农业防治

烟田杂草的农业防治是指利用耕作技术、栽培技术和烟田管理手段等，防治和降低杂草危害。农业防治对烟叶和烟田环境安全，无任何农残污染，容易操作，效果良好。

1. 加强植物检疫

植物检疫是烟田杂草防除最基本的措施之一，以杜绝外来恶性杂草随种子或苗木的调运传入烟田。

2. 作物轮作

轮作是综合除草体系中的重要环节之一，尤其是水旱轮作能有效防除水田和旱地杂草。因水田杂草如鸭舌草、眼子菜等一般喜欢在土壤湿润或固定的水层中生长，而马唐、香附子等，则只能在旱地生存。实行水旱轮作对水田、烟地的杂草都有较好的防除作用。

3. 充分腐熟农家肥料，提高肥料质量。

目前，我国烟农基本以自备的农家肥料为有机肥源，即堆肥、圈肥、土杂肥、火土灰等，一般都混杂有生命的杂草种子，有些杂草种子在40℃~50℃下经过1~2天才能丧失发芽力，如不经高温腐熟而施入田间，就会增加田间杂草的危害程度。所以堆肥和圈肥必须进行高温腐熟后才能使用于烟田。

4. 彻底清除烟田四周的杂草

烟田周围杂草的种子、地下根茎等能以每年1~3米的速度向田间扩散，很快便会布满全田，难以根除，造成严重危害。为此，必须及时同烟田杂草一起清除干净，对于田边、渠边杂草可用百草枯等灭生性除草剂或西马津等长残效期的土壤处理剂防除。

5. 精耕细作，防止杂草滋生

犁地、耕地、中耕、培土等农事操作，能消灭不同时期出苗的杂草，也能切断多年生杂草的地下繁殖器官，减弱再生能力，减轻草害。同时还可疏松土壤，防止板结，减少水土流失，提高烟株吸水、吸肥能力，促进烟株生长发育，增强抗病性，提高质量。移栽前进行耕作，并在生育期间使用化学除草剂的基础上，配合简单的手工工具或机械化中耕除草，可起到事半功倍的除草效果。以除草为目的的中耕，必须强调早中耕、勤中耕。对于一年生种子繁殖的杂草，以杂草处于幼苗期中耕效果最好。在烟草旺长期之前和雨季到来之前，连续进行2~3次中耕是防除杂草的关键措施。对于多年生根茎类或根蘖类杂草，只有多次中耕才能抑制其生长，减少其危害。

（二）覆盖有色薄膜和除草膜

目前烟草生产上普遍采用地膜覆盖栽培技术，虽有利于保湿增温，促进烟叶早熟高产。但透明膜覆盖的透光率高，易引起杂草疯长，与烟株争肥、争水，有时甚至顶破地膜，严重影响盖膜效果。研究表明，采用深黑色膜覆盖，杂草植株的数量可减少95%以上，而且能提高土壤温度，保存土壤热量，同时保墒性能也随地膜颜色的加深而增强。

目前用于大田的常见除草膜有：都尔膜、拿捕净膜、高效盖草能膜、双草克膜等，膜宽0.90米。除草膜对团棵期以前杂草有很好的控制效果，使用时应注意将烟田垄面做平整，使除草膜完全贴伏于垄面上，同时尽可能保证阳光照射，以提高除草效果。烟苗移栽时接触除草膜会产生轻微的药害，对烟苗生长有暂时的抑制现象，但进入旺长以后抑制现象会逐渐消失。

（三）化学除草

目前烟田应用的除草剂主要有：大惠利、金都尔、宝成、烟舒、磺草灵、草乃敌、除草通、精稳杀得、禾草克、禾耐斯等。由于烟田化学除草工作开展相对较晚，加之烟草本身对一些除草剂较为敏感，目前使用的除草剂主要是防除一年生杂草，尤其是对一年生禾本科杂草防治效果好，但至今还缺乏防除烟田阔叶杂草，特别是防除烟田多年生阔叶杂草的苗后处理剂。烟田化学除草剂的使用，应优先选用中国烟叶公司推荐使用的除草剂。

1. 土壤处理

（1）大惠利。在烟草移栽前 5 ~ 7 天或移栽后当日，用 50%大惠利可湿性粉剂 120 ~ 260 克 / 亩，加水 50 升配成药液，均匀喷于全田土表，然后混于 5 厘米的浅土层中。施药后久旱无雨，则需灌水，以促使杂草萌发，提高防效。为了降低成本，也可在移栽后结合行间耕作或培土进行垄体施药，这样可节省 1/3 药量。

（2）烟舒。移栽前或移栽当日，用 40%烟舒乳油 175 毫升 / 亩，兑水 50 千克，均匀喷于土表。烟舒对单子叶和双子叶杂草防效在 90%以上。

（3）草乃敌。在烟草移栽前 5 ~ 7 天或移栽后当日，用 90%草乃敌可湿性粉剂 300 ~ 400 克 / 亩，加水 50 升配成药液，均匀喷于全田或垄体土表。在北方春旱地区，如杂草推迟发生，也可等到降雨前后再施药。在覆盖地膜的烟田上使用草乃敌，因保温保湿，除草效果更好。另外，在烟麦轮作田，因小麦对草乃敌敏感，应在小麦播种前 20 天以前使用草乃敌。在烟叶收获后进行灌溉或深耕，可减轻药害发生。

（4）大田净。移栽前或移栽当日，用 72%大田净乳油 120 毫升 / 亩，兑水 50 千克，均匀喷于土表。大田净对单子叶和双子叶杂草的防除效果也显著。

（5）磺草灵。烟苗移栽前或移栽后，杂草刚出土时用 40%磺草灵水剂 400 ~ 500 毫升 / 亩，加水 50 升 / 亩配成药液，均匀喷于土表。移栽后喷洒，严禁把药液喷洒到烟苗上，以免产生药害。

（6）金都尔。烟苗移栽前 1 ~ 2 天，杂草种子萌发前，用 96%金都尔乳油 45 ~ 60 毫升 / 亩，加水 50 升配成药液，进行土壤表面喷雾处理。或于盖膜前均匀喷土表，移栽时打孔移栽。金都尔安全性好，持效期 40 ~ 60 天，活性高，杀草谱广，对禾本科杂草防效可达 90%左右，对烟苗安全。

（7）拉索。移栽后 5 ~ 7 天，用 48%拉索乳油 500 毫升 / 亩，加水 50 升配成药液，均匀喷于土表，防止把药液喷洒到烟苗上，以免产生药害。拉索对禾本科杂草防效可达 90%左右，对阔叶类杂草防效为 50%左右。

2. 茎叶喷雾

(1) 盖草能。在一年生杂草 3 ~ 6 叶期，烟苗移栽后 15 ~ 30 天，用 1. 25%盖草能乳油 50 毫升 / 亩，加水 40 ~ 50 升配成药液，均匀喷于杂草茎叶上。盖草能对禾本科杂草防效可达 95%以上，对烟苗安全。

(2) 稳杀得。在使用盖草能的同期，用 35%稳杀得或 15%精稳杀得乳油 75 毫升 / 亩，加水 40 ~ 50 升配成药液，均匀喷于杂草茎叶上。也可用适量的禾草克或拿捕净代替盖草能和稳杀得。

(3) 威霸。在一年生禾本科杂草 2 叶期，用 6. 9%威霸水乳剂 50 ~ 60 毫升 / 亩，兑水 30 千克，均匀喷于杂草茎叶上，对禾本科杂草防效可达 95%以上。威霸浓乳剂黏度大，附着力强，易黏附在杂草叶面上，配药时一定要先加少量水，充分搅均匀后再倒入喷雾器中，混合好以后再喷雾。施药时注意风速、风向，不要使药液漂移到玉米、水稻等禾本科作物上，以免药剂造成药害。

另外，对于莎草科等顽固性杂草，采用克芜踪、草甘磷、农达之类的灭生性除草剂进行局部控制性杀灭。但使用时一定要谨慎，避免药液喷施于烟株上产生药害。

化学除草剂具有高效的除草性能，与地膜覆盖相结合的除草效果更好。大部分除草剂为选择性芽前除草剂，对杂草具有选择性，同时对烟草前期生长往往具有一定的抑制作用。因此，针对不同产区环境条件和杂草区系，筛选烟田适宜的除草剂，研究除草剂的复配和除草剂的增效剂、助剂，降低除草剂的施用量和残留量，提高除草效果，减小对烟株生长影响，是今后的发展方向。

## 第五节 病虫害预测预报体系建设

烟草病虫害预测预报是以烟草农业生态系统中的病虫害为研究对象，监测病虫害种群动态，分析各有关因素对它们变动的影响，预测它们的发生、发展趋势，并研究综合治理措施，向决策者和生产者发布病虫害趋势预报和提供防治建议，是进行烟草病虫害防治的基本措施，也是最经济有效的措施之一。全国烟草病虫害预测预报及综合防治网络结构如图 8–19。

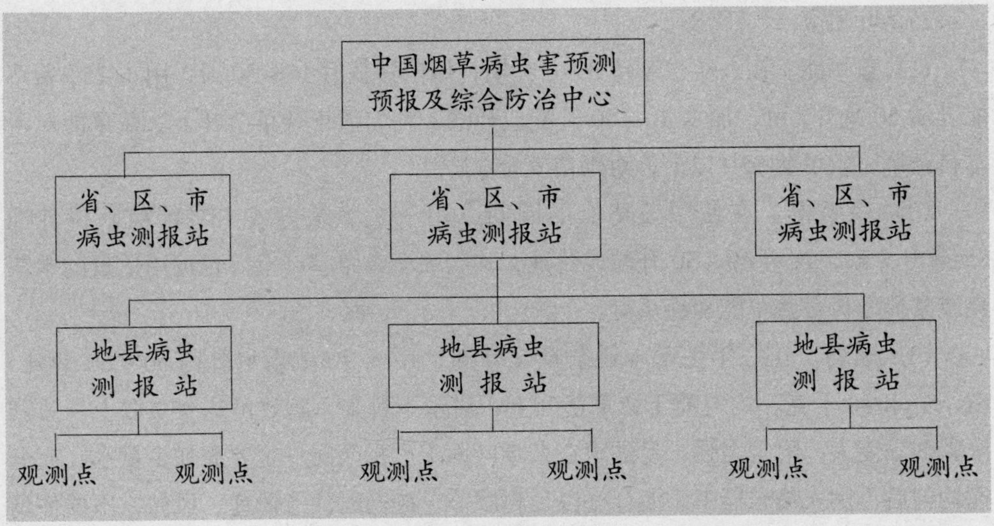


图 8-19 全国烟草病虫害预测预报及综合防治网络结构图

为了适应和满足现代烟草农业建设中规模化生产、专业化分工的要求，烟叶生产中的病、虫、草害防治必须达到专业化、集约化、机械化和科学化的水平。因此，组建植保专业队伍对烟草病、虫、草害进行统防统治是烟叶生产的发展需要，而统防统治本身也是植保工作的重要内容和发展方向。组建植保专业队进行统防统治具有如下优越性：

1. 防治效果提高

由于有专业化的指导和防治，可以抓住病虫害防治的关键时期，使用正确的农药并在大范围内控制病虫害的流行与危害。

2. 烟农投入减少

据调查，四川省烟农对农药购买的费用为 50 元 / 亩以上，若加上打药等的人工费用，则每亩要超过 100 元以上。如果由植保专业队进行统防统治，则烟农的投入至少减半，且防治效果更好，烟叶的亩产值可大大增加。

3. 环境污染减轻

通过专业化的防治，农药使用次数可减少，通过机动喷雾器和超低量弥雾机等新的植保器械的推广应用，也可大大减少农药的使用量，使环境污染减轻，这对于保护农田生态环境，保障烟农及专业植保人员的健康是大有好处的。

表 8–2　生产上部分烤烟品种的抗病性

| 品种名称 | 黑胫病 | 赤星病 | 根结线虫病 | 青枯病 | TMV | 厘米 V | PVY | 野火病 | $O_3$ |
|---|---|---|---|---|---|---|---|---|---|
| NC82 | 抗 | 感 | 感 | 中感 | 中感 | 中感 | 感 | 感 | 感 |
| NC98 | 中抗 | 感 | 抗 | 中感 | 中感 | 感 | 中感 | 感 | 中感 |
| K326 | 中抗 | 感 | 中抗 | 中感 | 中感 | 中感 | 感 | 感 | 感 |
| K346 | 抗 | 中抗 | 抗 | 中抗 | 感 | 感 | 感 | 感 | 感 |
| 红花大金元 | 感 | 感 | 中感 | 中感 | 中感 | 感 | 中感 | 感 | 中感 |
| 中烟 14 | 中抗 | 中感 | 抗 | 感 | 中抗 | 中感 | 中感 | 感 | 中抗 |
| 中烟 90 | 中抗 | 中抗 | 感 | 感 | 中抗 | 中抗 | 感 | 感 | 中抗 |
| 中烟 9203 | 中抗 | 感 | – | | | | | | |
| 中烟 98 | 抗 | 中抗 | – | 感 | 中感 | 感 | 中感 | – | 中抗 |
| 云烟 85 | 中抗 | 感 | 中抗 | – | 感 | – | 感 | – | 感 |
| 云烟 317 | 中抗 | – | 感 | – | 中感 | – | – | 中感 | – |
| RG11 | 中抗 | – | 抗 | 中抗 | 感 | 感 | 感 | – | – |
| GR17 | 中抗 | – | 抗 | 中抗 | 感 | 感 | 中感 | 感 | – |
| G80 | 抗 | 感 | 抗 | 中抗 | 感 | 感 | 感 | – | 感 |
| G28 | 抗 | 中抗 | 抗 | 感 | 感 | 感 | – | 感 | 感 |
| 中烟 99 | 抗 | 抗 | | | 耐 | 感 | | | 耐 |
| CF978 | 抗 | 抗 | | 感 | 耐 | | 耐 | | 耐 |
| CF965 | 抗 | 抗 | 耐 | 感 | 感 | | 感 | | 耐 |

**注**：根结线虫为南方根结线虫 1、3 号小种。

第九章

# 烤烟大田异常现象的预防和补救

在烤烟大田栽培过程中，由于不良的环境条件或不当的栽培措施，会导致烟株生长发育不同程度地受阻，从而造成烟草产量和质量损失。因此对这些异常现象采用必要的预防和补救措施，是合理栽培烤烟的另一个不可缺少的内容。

## 第一节 早花

### 一、早花烟株的特征

早花是指烟株在当地正常栽培条件下过早现蕾，且单株叶数显著减少的异常现象。早花烟株应同时具备 3 个特征（图 9-1）。

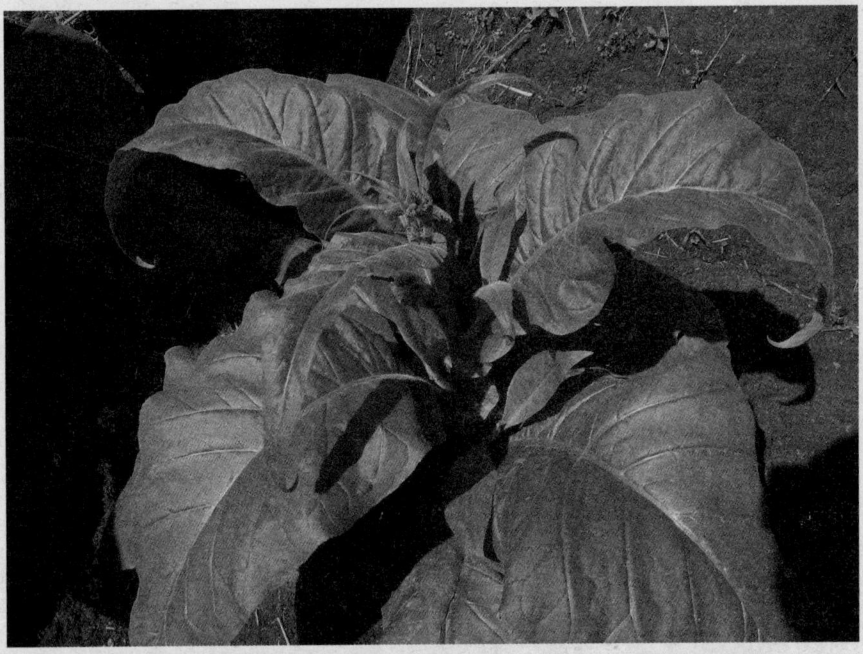

图 9-1 早花烟株的特征

1. 过早现蕾

早花烟株一般可在移栽后 40 天或更早一些的时间现蕾。

2. 单株叶数锐减

据云南烟科所报道，一般田烟早花后烟株着生叶（不是有效叶）在 15 片以下，地烟则在 13 片以下。

3. 生长势很弱

早花烟株营养生长势差，烟株瘦弱矮小，叶片窄小而薄，甚至叶长在 25 厘米以下。

## 二、烤烟发生早花的原因

引起烤烟早花（或着生叶减少）的因素较多，如品种、不良的外界条件、不适宜的栽培措施等。品种是内在因素，不同品种对环境条件的要求和反应不同，其营养生长情况也会不同。几乎所有引起烟苗生长停滞、干扰烟株对氮素吸收的不良栽培条件，都可能与早花发生有牵连，特别是在气温和土壤水分极不协调的情况下，早花发生尤其严重。

（一）苗床后期和大田初期气温偏低

在 13℃~18 ℃下，持续 10~20 天时，处于 6~12 片真叶的烟苗，也即处于苗床后期和大田初期的烟苗最易发生早花。

（二）苗龄太长

苗龄太长会导致烟苗在大田生长发育不协调，缩短了大田营养生长期，因而易发生早花。

（三）田块施肥不合理

特别是氮肥施用不够，影响了烤烟的营养生长。个别烟田在旺长期就开始落黄，显然是氮肥不足的明显表现。

（四）地块耕作层较浅，土壤板结严重

根系不发达，吸收能力差，部分砂性土壤本身保肥能力差，养分失调，偏早进入生殖生长。

（五）田间管理跟不上

造成烟株营养生长差，烟叶病害严重。

（六）移栽后降雨偏多，土壤水分过大

氮素肥料淋溶沉降于土壤下部，造成土壤矿质营养失调也会导致烟株早花。

### 三、烤烟发生早花后的补救措施

如果出现早花现象，应根据烟株的生长情况、不同的气候条件、早花发生的程度、覆膜与否、早花发生的早迟和土壤肥力状况，及时采取挽救措施，把早花的损失降到最低限。

(一) 留杈

1. 留底杈

对于早花程度严重，主茎叶收烤价值极小的烟株，应果断地放弃主茎烟叶生产改为杈烟栽培（图 9–2）。留底杈的方法是，及早削去主茎，留底叶 3 ~ 5 片，促使腋芽萌发生长，随即进行中耕、施肥或浇水，一般 3 ~ 5 天后即有新芽萌发，选留其中壮芽一个，其余一律抹除。然后再按大田常规要求进行管理。底杈烟生长一般较快，最终叶数较多，补救效果较好。

图 9–2 留底杈的早花烟株

2. 留顶杈

关键是不能过早打顶，应等到花蕾现出，像黄鳝头大小时再封顶留杈（俗称打黄鳝头）（图 9–3、图 9–4），并将花蕾下的 2 ~ 3 片叶子也一并打掉。其他的管理措施根据栽培方式的不同，采用不同的管理方法。

在地膜烟上发生早花，烟株叶数少于 13 片，植株矮小，可视叶片大小将花蕾下的小叶片多打去几片，留底叶 6 ~ 8 片即可。再将所留叶以上茎叶砍去，从留下叶片的最顶部叶的叶腋中选一个壮芽加以培育，同时浇施 1 克 / 株的硝酸钾肥或喷施 0. 5%的硝酸钾肥，努力培育壮芽上 3 ~ 5 片叶。注意揭膜培土，如果揭膜后一周

图 9-3　留顶杈的早花烟株

图 9-4　留顶杈的早花烟株打顶

内无降雨，在揭膜时需要视土壤水分含量情况，进行浇水或者浅灌，切忌大水漫灌。

（二）加强田间管理

无论采取哪一种补救方法，都必须加强田间管理，注意灌水或排涝，使土壤保持正常的持水量及通透性，保证烟株迅速成长。处理后的烟株易感染病菌，应及时喷施农药，加强管理，搞好田间清洁工作，预防各类病虫害的发生。

若早花发生较迟，且早花率只在10%以下，对烟叶产量和质量的影响一般较小，只需严格封顶打杈，正常的采收调制即可。

## 第二节　底　烘

底烘是指烤烟在大田生育中后期，下部叶片未达到正常叶龄而提前变黄、枯萎的现象。发生底烘的叶片少则2~3片，多则5~6片，严重时可逐渐向上扩展到下二棚和腰叶。底烘叶的生理特点是养分消耗大于积累，因此即使采收及时，底烘叶烤后也表现为片薄、色暗或带青、光泽不鲜等质量低劣的缺点。伴随着底烘，一些土传病害（青枯病和黑胫病等）和叶部病害（白粉病等）的发生也往往加重。所以，底烘对烟草产量和质量带来的危害很大，必须加以预防和处理。

### 一、底烘发生的原因

烟叶底烘的实质是下部叶由于严重营养不良而导致早衰。在生产上，引起底烘的原因比较复杂，常见的原因有以下几个方面：

（一）光照不足

如果烟田栽植密度过大，或烟株生长过于繁茂，再加上阴雨连绵的条件，就会因光照不足而发生底烘。底烘首先发生于下部叶片，先由叶尖开始变黄，迅速向叶基部发展。

（二）土壤水分过多，根系活力低下

烤烟生长后期根系的活力与底烘的发生有确定的关系，根系活力衰退和养分运输发生障碍是导致底烘发生的又一原因。

土壤水分直接影响根系的活力。在土壤水分过多或渍害严重的情况下，土壤氧气不足，根系活力迅速衰退，养分和水分输送发生障碍，进而发生底烘。习惯上，把土壤水分过多造成的底烘称为“水烘”。

（三）土壤干旱

由于土壤干旱而引起的底烘称为“旱烘”。在严重缺水时，下部叶片由于缺水而迅速衰老，有机物质代谢趋向于水解作用占优势，同时有一部分有机物质运往上部茎叶，导致下部叶片很快变黄、枯死。

（四）顶端优势存在

烟株不打顶或打顶后不抹杈，由于顶端优势过强和生长中心转移，下部叶的养分大量分解转移，使得叶内碳素营养严重不足而发生底烘。

### 二、底烘的预防和补救

解决烟叶底烘最好办法是预防。主要采取以下措施：

第一，根据土壤养分状况合理地调整。根据土壤养分状况合理地调整施肥量和栽植密度，坚持适群体、壮个体栽培，保证下部叶在成熟前后有6%～9%的自然光照条件。

第二，要针对当地的气候和土壤水分状况采取相应措施。底烘严重时可根据具体情况用抗旱或排涝的方法，尽可能使土壤水分处在适宜范围内。此外，多雨地区要实行高垄栽培或地膜覆盖，以及加强大田管理，如打顶抹杈等。

第三，底烘烟叶要及时采收，减少损失。

## 第三节 返青

有一定程度落黄的烟叶再次变绿生长的现象称为返青。一旦返青，就很难恢复到正常成熟状态。返青烟叶含氮量高，先前已经积蓄起来的淀粉两次降解，叶内的细胞重新开始生长，形成新的组织，叶片看起来很厚，而内含物却很少，品质很差。所以，返青也是烤烟生产上不可小视的异常现象。

## 一、返青发生的原因

从本质上讲，返青是由于叶片在即将成熟之际重新获得了额外的氮素。促成叶片获得氮的原因很复杂，一般情况下，在返青之前土壤一直很干燥，氮素没有被充分利用而残存于土壤中，在一次降雨之后，根系恢复生长，此前未曾吸收的氮素便开始向根的周围移动而被吸收，烟叶因此得氮而返青。另一种情况是，成熟阶段出现了多雨寡照的气候条件，促进了根系对氮的吸收。

## 二、返青的预防措施

(一) 合理施肥

要避免过量施肥，保证烟株后期供肥的适时减少和断肥。

(二) 合理选择土壤

氮量高、土质黏重的土壤易出现烟叶返青现象，最好选用中等肥力和保肥性能适中的土壤。

(三) 合理耕作

采用高垄栽烟，及时排除多余的土壤水分。地膜覆盖烟田，揭膜时间不宜过早，有可能调整移栽时期，要尽量使烟叶成熟期躲过连绵阴雨季节。

(四) 合理搭配硝铵态氮肥品种

铵态氮比硝态氮更易被土壤吸持，移动速度慢，如果铵态氮肥比例大，即使施肥量适中，在遇前期干旱少雨，而后期多雨的情况下，因铵态氮在成熟期才发生作用而引起烤烟着生叶减少和后期返青的现象，所以要增加氮肥中的硝态氮含量或以硝态氮作追肥。

(五) 对 pH 值偏低的烟田进行改良

如用石灰或白云石粉，使其 pH 值在 5.5～6.5，增强土壤中氮的硝化作用，防止铵态氮的吸附残存等。

(六) 采取一定的补救措施

用 1%浓度的乙烯利溶液对上部 5～6 片叶喷洒，每株 10～30 毫升，对防止烟叶的返青也有一定作用。

## 第四节 黑　暴

黑暴是指烤烟到成熟期叶片迟迟不能正常落黄成熟而呈深绿色不退的现象。它与成熟期推迟和延长有区别，前者黑暴的烟叶不易烘烤，烤后成熟度差，杂色重，易形成黑糟烟，烟碱和氮化物含量高，香气、吃味差，刺激性大，杂气重，商品等级和使用价值都很低。后者则能正常烘烤，烤后烟叶正常。

### 一、黑暴发生的原因

(一) 施肥不当

在过量施肥条件下，烟叶的叶龄延长，繁茂、叶大、片厚、色深，致使烟叶(尤其是中、上部叶) 难以正常落黄成熟形成老黑暴烟。另一种是施肥不当，偏施氮肥，磷、钾肥不足，或追肥过迟，烟株氮代谢到碳代谢的过渡期延迟，不能及时转入淀粉积累而出嫩黑暴烟。烤烟发生黑暴现象的实质是氮素营养问题，所以施肥不当往往是黑暴形成的主要原因。

(二) 不良的气候条件

“先旱后雨”的气候条件是导致黑暴发生的重要原因。当前期较长时间干旱，又无灌溉条件时，施入的养分不能及时被利用，烟株前期消耗养分少，至后期遇雨时吸肥而猛长，形成嫩黑暴烟。

(三) 不当的栽培措施

在施氮水平较高的情况下，过早或过低打顶也会促成黑暴的发生。此外，肥沃的土壤遇上较高施氮水平，有效地增加烤烟后期的养分供应而促进黑暴发生。

### 二、黑暴的预防和处理

(一) 合理施肥

要按照当地推荐的施肥量，并根据大田前期的降水情况，及时调整施肥计划，特别是在前期遇到严重干旱时，要通过减少追肥，确保烟株开花后土壤中的氮素基本用完。此外，肥力过高或保肥性强的烟田不要选作烤烟烟田。同时要加强大田管理和结合打顶调控，使烟株和烟叶的营养状况适中而不过量。在生产上也有采取切断部分根系的方法来促使黑暴烟的落黄成熟。

(二) 针对具体情况进行处理

对于老黑暴烟，采取推迟到盛花期打顶或结合留顶杈（2～3片叶）的方法处理。对于偏施氮肥形成的嫩黑暴烟，采取适当早打顶和少留叶的方法。同时结合补充磷、钾养分，促进烟叶的干物质积累和落黄成熟。对于由不良气候条件导致的嫩黑暴烟，则应及时打顶，正常留叶，绝不能晚打顶，多留叶和不成熟采收。

对于经过上述处理仍然难以奏效的黑暴烟，可采用乙烯利喷洒促熟。使用浓度为1 000～2 000毫克/千克，但在大面积使用前，要先试验确定其适宜浓度。

## 第五节 蛋白臭烟

蛋白臭烟因烟叶燃烧时产生一种类似烧毛发、干鱿鱼等动物蛋白时所产生的恶臭味而得名，是过量施氮条件下易产生的一种典型的劣质烟。

蛋白臭烟主要发生在下部叶。其外观特征是，主脉细而呈白色，叶片“扁平”而薄，侧脉细且呈白色，自叶面突起，叶脆易破，部分呈枯萎状，落黄期提前。其化学成分的特点是总氮量，尤其是硝态氮素含量高，总糖含量异常低。此外，蛋白臭烟叶的含氯量亦非常高。

### 一、蛋白臭烟形成的原因

蛋白臭烟形成的主要诱因是氮素吸收过量，辅助因素是受光不足、地膜覆盖和不成熟采收等，是蛋白臭烟形成的促进因素。

### 二、蛋白臭烟的预防

防止蛋白臭烟主要是控制氮肥施用。一方面，要根据产量水平和质量要求适量施氮，保证烟株个体发展适度和群体大小适宜，防止烟株大型化，导致田间郁蔽。另一方面，要促使烟株氮素吸收的动态合理，保证前期足而不过。对于地膜栽培，要注意氮肥的分次或适度分散施用。同时，适当增加有机氮的施用比重，以减轻烟草前期供肥过于集中的压力。

## 第六节 灰色叶

灰色叶是指一类在调制后显现不同程度灰色或暗灰色的烟叶。这类烟叶通常较小、较轻，厚薄、质地、吸湿性不一，油分少，结构紧密，成熟度差，内在化学成分严重失调，香、吃味低劣，因而属劣质烟一类。导致灰色叶发生的根源是烟株对某些营养元素的不正常吸收，因而灰色叶是一个产生于田间，且与烟草营养失调有关的问题。根据灰色叶发生的具体原因不同，一般将其分为Ⅰ、Ⅱ、Ⅲ三型。

### 一、Ⅰ型灰色叶

Ⅰ型灰色叶过量吸氯。发生部位为脚叶和腰叶。发生的条件都与增加土壤中的氯有关。

防止Ⅰ型灰色叶发生的措施，主要是控制来自各方面的氯源。包括禁用含氯肥料；禁止用氯量高的水源作灌溉水；对于土壤含氯量较高的烟田，增加硝态氮肥的施用比例；应减少含氯农家肥的用量；含氯农家肥经户外堆积处理半年至一年（以淋失其中的氯）后使用；土壤含氯量在 45 毫克 / 千克以上的地块不种植烤烟；加强烟田排水，以淋失土壤中的氯；前茬作物大量施用含氯化肥的烟田要谨慎选用等等。

### 二、Ⅱ型灰色叶

Ⅱ型灰色叶过量吸收铁、锰（铝）。发生部位以中、下部叶为主，晚茬烟可为上二棚叶。

Ⅱ型灰色叶发生的主要原因是土壤 pH 值过低。当土壤 pH 值小于 5 时，某些必需元素如磷等可吸收性降低，土壤中的硝态氮素也因硝化细菌活性下降而含量很低。相反，铁、锰、铝等的有效性高，烟株就因土壤溶液中的活性铁、锰、铝的浓度高而过量吸收。

施用石灰调高土壤 pH 值，并结合施用农家肥，是预防Ⅱ型灰色叶发生的最有效方法。对于铁、锰等还原物质多而易发生灰色叶的土壤，除上述措施外，还要采取晒垡、高畦栽培和加强排水等措施，防止活性铁、锰过多而被过量吸收。此外，选择不易发生Ⅱ型灰色叶的品种，也是预防灰色叶发生的得力措施。

### 三、Ⅲ型灰色叶

Ⅲ型灰色叶在生长临界期氮素吸收严重不足。发生部位为上部叶和腰叶。导致Ⅲ型灰色叶发生的原因主要有以下几种：

一是地膜覆盖，且施肥不足。导致腰叶和上部叶进入成熟期时氮的供给断绝，严重不足而产生灰色叶。

二是先湿后干的气候条件。在整个烟草生长季节，如果前期气候湿润，接着严重干旱，早期的湿润会加速氮的渗漏，继之而来的干旱限制了烟草对氮素的吸收，从而导致正在成长的中、上部叶因为氮素吸收的急剧减少而产生灰色叶。

三是在有机质含量低的砂质土上，于旺长后期或烟叶进入成熟期时出现了持续性的暴雨，导致养分大量淋失，当没有氮素可供吸收时，也易导致Ⅲ型灰色叶的发生。

预防Ⅲ型灰色叶的关键措施是施肥。通过正确施肥，使烟草后期不出现脱肥、早衰，就能有效地防止Ⅲ型灰色叶的发生。对于地膜覆盖或砂性大、有机质含量低的土壤，一方面要注意增加施肥量和有机肥的比重，另一方面要结合分次施肥，保证烟草生长临界期有适量的氮素供应。在先湿后干的气候条件下，则要加强后期的灌溉，抗旱保墒。此外，尽量选择不易发生Ⅲ型灰色叶的品种。

## 第七节 雹灾

雹灾后的处理方法依受损害的程序和雹灾发生时期的早迟而定。常见的处理方法有：

### 一、不作处理

烟草在旺长期前后或稍迟时间遭受雹灾，但受损害程度较轻时，可以不作特别处理，甚至连破碎的叶片也暂不摘除。因为这些叶片虽已失去商品价值，但对于烟株恢复生长，包括对新生叶的产生和生长有利。此外，对烟株的处理过程会增加病害感染的机会，而且即使进行留杈处理，杈烟质量也往往不能令人满意。此外，在烟叶成熟期受雹灾处理意义不大。

### 二、留底杈处理

如雹灾发生时间较早（如旺长期前），且烤烟遭雹灾严重（如断株或大多数叶片被砸烂）时，砍株留底杈是一项较好的处理方法。通过留底杈处理雹灾，要注意以下技术问题：

在茎基部3～5叶处削去主茎，并捡出断株残叶，清理烟田。如果烟田有花叶病病株存在，则先削健株后削病株，且刀具应在削株过程中定时放入牛奶中浸泡消毒。

## 三、留顶杈处理

烤烟于旺长期后遭受雹灾，且受灾程度较轻时，多采用留顶杈处理，以弥补产量损失。但如雹灾发生于烟草的脚叶成熟期，将意味着损失难以弥补。

## 四、补栽处理

烟草在移栽后 2~3 周内遭到冰雹毁坏，也有采用补栽处理的，但产量会降低。

第十章

# 烤烟采收技术

第一节

## 烤烟的成熟度

烤烟的成熟度包括烟叶田间成熟度和分级成熟度，两者都与烟叶质量有着密切的关系。

### 一、田间成熟度和分级成熟度

（一）田间成熟度

田间成熟度指烟叶在田间发育过程中表现出来的成熟度，又称长熟，是采收工序的一项工艺指标，是采收标准。鲜烟叶的成熟度决定着烘烤工作的难易和烤后质量的好坏，在品种、部位和栽培条件相同的情况下，随着烟叶田间成熟度的增加，烘烤中叶片失水和变黄速度逐渐加快，烟叶偏生，失水和变黄较慢，烟叶过熟，失水变黄又较快，常出现不同程度的青片、褐片和杂色烟，使烟叶的价值遭受严重的损失。只有成熟的烟叶，耐熟又耐烤，在烘烤中失水和变黄均正常。烘烤初期可采用较低的温度、较高的湿度和较长的时间，使烟叶充分变黄，使其后熟充分，才能显示出烟叶应有的质量，成为分级成熟度好的烟叶。

（二）分级成熟度

分级成熟度是烟叶等级标准要求的成熟度，是收购烟叶的一项质量指标。分级成熟度好的烟叶一般颜色较深，色度较浓，组织疏，弹性强，油分好，香气质好，量充足，吃味醇和，余味舒适，劲头适中。这种烟叶实用价值高，在市场上竞争力强，售价高，因而效益好。分级成熟度是由田间的“长熟”和烘烤中的“后熟”共同形成的。通常长不熟的烟叶不具备成熟所需求的质量，在烘烤过程中难以真正后熟充分。农谚说“七分采，三分烤”，又说“好烤手，不如好采手”，充分说明了采收成熟烟叶的重要性。

## 二、烟叶成熟的外观特征

烟叶成熟时由于内部物质的变化，外部形态特征也发生相应的改变，在生产中可以依据这些特征来判断烟叶是否达到了成熟，这些特征是：

（一）叶色

叶色由绿变黄绿，叶尖部和靠近叶尖的叶缘黄绿色明显，较厚的叶片表面常有浅黄色斑块，叶耳淡黄。

（二）叶脉

主脉变白发亮，支脉褪青变白。基部变脆，采收时有清脆声，断面整齐。

（三）叶面

叶面平或皱褶，茸毛脱落，光泽增强，烟油增加，手摸有黏手感。

（四）茎叶角度

叶尖下卷，叶片下垂，茎叶角度增大。

## 三、各部位烟叶成熟的特征

（一）下部叶

适时早收，掌握成熟标准宜宽。烟叶基本色为绿色，稍微显现落黄，茸毛部位脱落，采摘声音清脆、断面整齐、不带茎皮，叶龄 50 ~ 60 天（图 10–1）。目前四川省普遍存在的问题是下部叶过熟采收（图 10–2）。

图 10–1　适熟的下部叶

图 10–2　过熟采收的下部叶

（二）中部叶

适熟采收，掌握成熟标准宜严。烟叶基本色为黄绿色，叶面 2/3 以上落黄，主脉发白，支脉 1/2 发白，叶尖、叶缘呈黄色，叶面时有黄色成熟斑，茎叶角度增大，叶龄 60～70 天（图 10–3）。由于施肥或天气原因（如干旱或施肥过多）导致烟叶成熟过程不正常情况下，参考叶龄采收。

图 10–3　适熟的中部叶

（三）上部叶

充分成熟采收。烟叶叶面充分落黄、发皱，成熟斑明显，叶尖下垂，叶边缘曲皱，茎叶角度明显增大，叶龄 70～90 天（图 10–4）。顶部叶 4～6 片充分成熟一次采收（图 10–5）。

图 10–4　适熟的上部叶

图 10–5　充分成熟的 4~6 片顶叶

## 四、影响烟叶成熟的因素

影响烟叶成熟的因素有栽培条件、土壤类型、气候因素、空间位置和品种等，其中最主要的是栽培条件与措施。

（一）施肥水平的影响

施肥水平过低，烟叶发育不全，难以达到真正的成熟，表现为假熟。严重脱肥时，烟叶会出现“黄化”现象。施肥水平过高，尤其施氮过高、氮磷钾比例不协调或者追肥时间晚，会导致烟叶“贪青”晚熟，甚至产生“黑暴烟”，可使用乙烯利催熟或采用茎秆环剥技术。

(二) 栽植密度的影响

烟叶必须有适宜的群体密度，才能保证烟叶通风透光和烟叶正常成熟，若种植密度过大，下部叶的环境极差，易出现底烘，以每亩栽植 1 000 ~ 1 200 株为好。

(三) 打顶抹芽的影响

适时打顶，合理留叶能促进烟叶正常成熟。打顶能促进烟株根系发育，提高根系吸收和合成功能，增加叶内干物质的积累，通常单株留叶 18 ~ 22 片较好。若打顶过早过矮，留叶过少，烟叶将推迟成熟期。反之，不打顶或抹芽不彻底，叶片不能正常成熟，下部常表现为假熟。

## 第二节 烟叶采收的要求及方法

### 一、采收要求

下部叶适时早收，中部叶成熟稳收，上部叶充分成熟采收。生长整齐一致的烟田，每次每株采 2 ~ 3 片，下部叶 5 天左右采收 1 次，中上部叶 6 ~ 8 天采收 1 次，当采到顶部 4 ~ 6 片叶时，暂停采收，直到最顶上一片叶达到成熟标准后一次采完。

一般在早上或上午进行采收，此时叶片成熟度较易辨别且利于当天装炉。如天气久旱，烟叶水分少，宜采露水烟。若烟叶成熟后遇短时间降雨要在雨停后立即采收；较长时间降雨导致烟叶出现回青时，待烟叶再次呈现成熟特征时采收。

四川省全面推行“准采证”制度，即烟叶采收必须在烟技员的指导下持“准采证”进行采收。

### 二、采收方法

每次要采收同一品种、同一部位、同一成熟度的烟叶。采收时食指和中指托着叶柄基部，拇指放在叶柄上，捏紧后向侧下方用力一掰，便可摘下叶片。采收时应做到不采生、不丢熟、不沾土、不暴晒、不挤压、不损伤，确保所采鲜烟质量完好如初。国外多用采收机采收（图 10-6）。

图 10-6 烟叶采收机械

## 三、采后堆放

烟叶采收后放置在荫凉处，叶尖向上叶基向下排放，平放时高度不超过 30 厘米，避免挤压、摩擦、日晒和热烫伤。

# 第三节 烟叶编烟技术

## 一、分类编烟

编烟前事先将烟叶按照成熟度差异（欠熟烟、尚熟烟、成熟烟、过熟烟、假熟烟）、叶片大小、病残叶等分类。在鲜烟叶分类基础上再分别编烟，确保同质同竿（图 10–7）。

图 10–7 烟叶分类编竿

## 二、编烟数量

（一）普通烤房

一般 1. 5 米竿，绑烟 50 ~ 60 扣，100 ~ 120 片，7 ~ 8 千克，一般下部叶和含水量大的烟叶 90 ~ 100 片，上部叶和含水量小的烟叶 110 ~ 120 片。

（二）密集式烤房

使用烟竿编烟时，每竿烟重量 10 ~ 15 千克；使用烟夹夹烟时，要使烟夹饱满夹紧。夹烟不得过量或欠量。

## 三、编烟方法

首先，叶基对齐，叶背相靠，编扣牢靠，束间距离均匀一致。

其次，普通烤房 2 片一束，烟竿两端各留 10 厘米空竿；密集式烤房编烟 3 ~ 4 片一束，烟竿两端各留 5 ~ 6 厘米空竿。

第三，编烟要用麻线或棉线绳。

第四，编烟在荫凉处进行，避免烟叶沾染泥土；已编竿烟叶应放在荫凉处，避免日晒，防止损伤烟叶。

## 第四节 烟叶装烟技术

### 一、分类装烟

对气流上升式烤房而言，变黄快、成熟度略高的鲜烟叶及轻度病叶装在底层，成熟度正常的鲜烟叶装在中层和上层。而气流下降式烤房，则要求变黄快、成熟度略高的鲜烟叶及轻度病叶装在顶层，成熟度正常的鲜烟叶装在中层和底层。观察窗周围挂具有代表性的烟叶。

### 二、装烟密度

(一) 普通烤房

装烟时上下层竿距均为一致，装烟竿距为 20 厘米左右，含水量多或阴雨天气，竿距 23 ~ 25 厘米，含水量少或天气干旱时竿距 17 ~ 18 厘米。

(二) 密集式烤房

用烟竿的密集式烤房，相邻两个烟竿之间中心距离 8 ~ 10 厘米。用烟夹的密集式烤房，相邻两个烟夹之间的距离为 5 ~ 7 厘米。装烟必须装满，不留空隙，且当天采收的烟叶，要当天编烟、装烟，并点火烘烤。

第十一章

# 烤烟烘烤技术

## 第一节 烤房的主要类型

四川省烤房建设经历了多年的发展，由过去以土墙为主的老式普通烤房逐步发展到目前以砖墙为主配备自控设备的密集式烤房。目前全省烤房主要有普通烤房、普改密烤房、密集型烤房三种类型。

### 一、普通烤房

普通烤房是在适应过去农户分散种植、小规模经营的基础上发展起来的。目前普通烤房正逐步被先进密集型烤房所代替，但在四川省各烟叶产区仍较普遍存在。普通烤房根据气流形式分为气流上升式烤房和气流下降式烤房。

（一）气流上升式烤房

1. 烤房规格

标准化气流上升式普通烤房规格为：3.3 米 × 3.3 米或 3.3 米 × 4 米，挂烟 4 ~ 5 层，装烟量在 250 ~ 300 竿，可供 10 亩烟叶烘烤。底层距地 2 米，层间距为 80 厘米，顶台距泥楼 40 厘米。

2. 烤房结构

(1) 围护结构。墙体采用土墙或砖墙，土墙厚 40 厘米，砖墙厚 20 厘米（18 墙），内外墙粉糊，保证墙体密封。烤房门宽 60 厘米，高 150 厘米。烟叶观测窗设在第四台和第五台之间，规格为 20 厘米 × 30 厘米。温、湿度观测窗设在底棚，高宽为 20 厘米 × 30 厘米，外装活动门板。

(2) 供热系统。采用圆形立式炉，直径 70 厘米，高 70 厘米，火口直径为 20 厘米，炉条坡度 6.7 厘米，灰坑高度 66.7 厘米，墙体厚度不小于 18 厘米。采用水泥预制板（螺旋火管）平走式火管，火管表面涂远红外线涂料。烟囱设置在墙外，高度为 2 米，下设闸火板。

3. 通风排湿系统

(1) 天窗。采用梅花形排列，中间面积 40 厘米 × 40 厘米，其余 4 个为 33 厘米见方，距内墙 20 厘米。

(2) 地风洞。在烤房四周均匀开启 8 个 20 厘米 × 24 厘米的风口。

(3) 热风洞。在火炉两侧开启 2 个 27 厘米 × 27 厘米的进风口，在烤房内均匀摆布 8 个出风口。

4. 观测监控系统

烤房用专用干湿球温度计测定温、湿度，计时用闹钟，烤房外张贴烤烟三段式工艺图表。

5. 挂烟梁

使用直径 17 ~ 20 厘米的圆木，粗细均匀，平直。

(二) 气流下降式烤房

1. 烤房规格

标准化气流下降式普通烤房规格为：3.7 米 × 4.3 米或 3.3 米 × 4 米，挂烟 5 层，装烟量在 280 ~ 300 竿，可供 10 亩烟叶烘烤。楼层底层距地 110 厘米，层间距为 80 厘米，顶台距泥楼 40 ~ 70 厘米。

2. 烤房结构

(1) 围护结构。墙体采用土墙或砖墙，土墙厚 40 厘米，砖墙厚不小于 20 厘米 (18 墙)，内外墙粉糊，保证墙体密封。烤房门宽 60 厘米，高 150 厘米。烟叶观测窗设底棚，规格为 20 厘米 × 30 厘米。温、湿度观测窗设在第四层和第五层之间，高宽为 20 厘米 × 30 厘米，外装活动门板。

(2) 供热系统。采用圆形立式炉，直径 70 厘米，高 70 厘米，火口直径为 20 厘米，炉条坡度 6.7 厘米，灰坑高度 66.7 厘米。用水泥预制火管（螺旋火管），设置 3 层，每层间隔 20 厘米，火管表面涂远红外线涂料。烟囱设置火管对侧墙外，为套筒式（外套排湿套筒），高度为 2 米。

3. 通风排湿系统

(1) 冷风洞。在火管一侧设 5 个 13 厘米 × 27 厘米进风口。

(2) 热风洞。在火炉两侧开启 2 个 13 厘米 × 27 厘米的进风口，火管右侧设热风地沟。

(3) 排湿口。在火管对侧开启 2 个 40 厘米 × 50 厘米的排湿地窗。

4. 观测监控系统

烤房用专用干湿球温度计测定温、湿度，计时用闹钟，烤房外张贴烤烟三段式工艺图表。

5. 挂烟梁

使用直径 17 ~ 20 厘米的圆木，粗细均匀，平直。

## 二、普改密烤房

普改密烤房（图 11–1）主要在四川省凉山彝族自治州、攀枝花、泸州烟区推广使用。其建设方式分为两种，一种是在原来普通烤房的基础上改建而成，称为普改密烤房改建，另一种是新建的普改密烤房。

图 11–1　普改密烤房

普改密烤房的装烟室基本规格参数见表 11–1。根据气流形式，普改密烤房分为气流上升式普改密烤房和气流下降式普改密烤房。

表 11–1　普改密烤房的装烟室基本规格参数

| 项目 | 基本规格参数 | | |
| --- | --- | --- | --- |
| 适用面积（亩） | 8~12 | 15 | 20 |
| 装烟量（千克） | 1 800~2 500 | 3 000~3 500 | 4 000~4 500 |
| 房内长度（毫米） | 2 700~3 300 | 3 000~3 500 | 3 300~4 500 |
| 房内宽度（毫米） | 2 700~3 000 | 3 000~3 300 | 3 300~4 000 |
| 挂烟棚（台）数 | 气流上升式烤房 4~6，气流下降式烤房 4 或 5 | | |

**注：**本表适用于气流上升式和气流下降式烤房。

（一）气流上升式普改密烤房

热风循环风道：在原烤房顶棚（台）以上一侧墙壁上开设回风口，紧贴墙壁砌筑（安装）热风循环风道，下端与原热风进风道连通。进排湿口和排湿门：保持原烤房排湿天窗，在热风循环风道中部开设进排湿口（图 11-2）。主要技术参数见表 11-2。

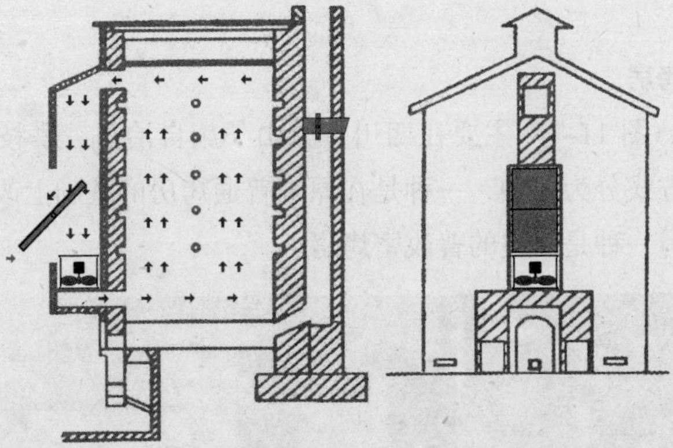

图 11-2　气流上升式普改密烤房示意图

表 11-2　气流上升式普改密烤房主要技术参数

| 项目参数 | | 参数 | |
|---|---|---|---|
| 适用面积（亩） | | 8~12 | 15 左右 |
| 烤房规格 | 房内长宽（厘米） | 270~300×270~330 | 300~330×330~400 |
| | 装烟棚（台）数 | 4 或 5 | 5 或 6 |
| | 底棚高度（毫米） | 180~200 | 180~200 |
| 循环风道（也可用 20 厘米内径 PVC 管安装） | 回风口长宽（毫米） | 300×500 | 400×600 |
| | 风道截面（毫米） | 450×500 | 450×500 |
| | 进排湿口规格(毫米) | 400×500 | 500×600 |

（二）气流下降式普改密烤房

气流下降式普改密烤房建造规格标准要求与上升式基本相同，但加热室与装烟室之间设隔墙或隔板，其上部和下部分别留热风循环风道。火管排列方式为横向列管式叠加排列，单排上下 5 层、双排上下 3 层（图 11-3）。

## 三、密集型烤房

密集型烤房是密集烘烤加工烟叶的专用设备，一般由装烟室、热风室、供热系统设备、通风排湿和热风循环系统设备及温、湿度控制系统设备等部分组成。基本特征是装烟密度较大（为普通烤房装烟密度的 2～3 倍），使用风机进行强制通风，热风循环，实行温、湿度自动控制。密集型烤房是四川省当前主要修建和推广应用的烤房类型。

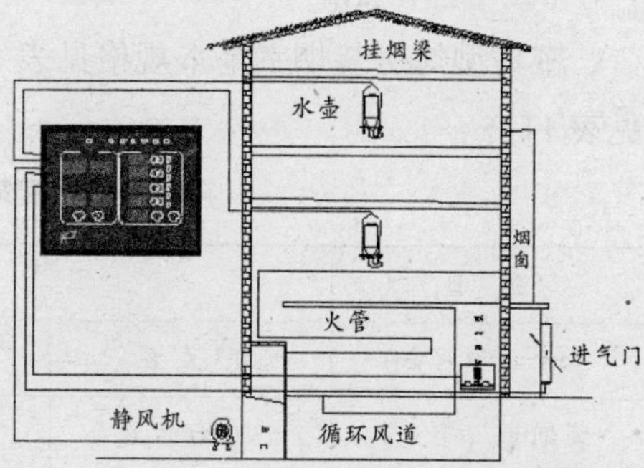


图 11-3　气流下降式普改密烤房示意图

### （一）基本结构

根据密集型烤房（图 11-4）气流形式分为气流上升式密集型烤房和气流下降式密集型烤房。气流上升式烤房的装烟室热风进风口和进风道开设在烤房内的下部，循环风的回风道设在装烟室的上部。地面制作 4. 2%～5%坡度或安装分风板。气流下降式烤房的热风进风口和进风道设在烤房内的上部，循环风的回风口开设在隔墙的下部，回风道和排湿口设在装烟室的下部，装烟室上部制作 4. 2%～5%坡度或安装分风装置（如分风板）。两种类型密集烤房装烟室内均安装挂（装）烟架，房端或侧面开设房门。用整浇注钢筋混凝土房顶，厚 10 厘米以上，或采用人字形瓦顶，加密封天棚。

图 11-4　密集烤房群

密集型烤房装烟室主要包括：墙体、房顶、挂烟设备、门、观察窗、热风进风口、进风道、分风板（分风窗）、回风口、回风道、排湿口等。

## (二) 基本规格

密集型烤房装烟室基本规格见表 11–3，主要技术参数见表 11–4，装烟架规格见表 11–5。

**表 11–3　密集型烤房的装烟室规格**

| 项　目 | 参　数 | | | |
|---|---|---|---|---|
| 适于面积（亩） | 15 左右 | 20 左右 | 25~30 | 30 以上 |
| 装烟量（千克） | 3 000 左右 | 3 500~4 000 | 4 500~5 000 | 5 000 以上 |
| 房内长度（毫米） | 6 000 | 7 000 | 7 500~8 000 | 8 500以上 |
| 房内宽度（毫米） | 2 700~2 800 | 2 700~2 800 | 2 700~2 800 | 2 700~2 800 |
| 装烟棚（台）数 | 3 | 3 | 3或 4 | 3或 4 |
| 房内高度（毫米） | 3 100~3 500 | 3 100~3 500 | 3 100~3 500 或 4 000~4 300 | 3 100~3 500 或 4 000~4 300 |
| 墙体厚度（毫米） | 240~400（240 为砖墙、400 为土坯墙、均需内外粉糊） | | | |

**表 11–4　密集型烤房的装烟室结构和主要技术要求**

| 项目 | 气流上升式 | 气流下降式 |
|---|---|---|
| 地面 | 由热风室隔墙下端开始抬高 | 地面水平 |
| 热风进风口（毫米） | 与装烟室等宽或略小，高 400~500 | 与装烟室等宽，高 500~700 |
| 热风进风道（毫米） | 与装烟室等宽，中部高 400~500 | 与装烟室等宽，中部高 400~500 |
| 回风口高度（毫米） | 400~500 | 400~500 |
| 回风道高度（毫米） | 400~500 | 400~500 |
| 排湿口和排湿门 | 在装烟室墙壁适当位置开设，装排湿门及止回设施 | 在装烟室两侧墙下方适当位置开设，装排湿门及止回设施 |
| 装烟架 | 中间和左右侧墙相应高度设挂烟梁，3 层或 4 层 | |
| 门 | 单门或双门 | |
| 烟叶观察窗 | 两侧每层各设 1 个，装双层门 | |

表 11-5 密集式烤房的装烟架技术参数

| 项目 | 气流上升式 | 气流下降式 |
|---|---|---|
| 装烟棚（台）数 | 3 或 4 | 3 或 4 |
| 底棚高度（毫米） | 距中部地面1 100~1 300 | 距地面 1 100~1 300 |
| 棚（台）距（毫米） | 750~800 | |
| 顶棚（台）高度（毫米） | 3 棚（台）时距中部地面 2 600~2 700，4 棚（台）时距中部地面 3 300~3 400 | |
| 梳式烟夹 | 金属或木质，金属针或竹针 | |
| 烟竿 | 竹质或木质 | |

## 第二节 烟叶三段式烘烤技术

烟叶三段式烘烤指根据烟叶外观特征变化与内部的有机联系，将烟叶烘烤全过程分为烟叶外观状态与温度要求相应的阶段，包括变黄阶段、定色阶段、干筋阶段。三段式烘烤技术适合在目前四川省所有类型烤房烘烤中推广应用。

### 一、烟叶烘烤原理

根据鲜烟素质以及在烘烤过程的变化，采用烧火供热和通风排湿等调控手段，提供相应的温度、湿度和持续时间等，促进烟叶发生充分和完善的生理生化变化，使烟叶变黄和失水干燥协调一致，最终实现烟叶烤黄、烤干、烤香。

### 二、烟叶烘烤原则

（一）四看四定

看鲜烟叶质量，定烘烤技术；看烟叶变化，定所需要的干湿球温度；看干球温度高低定烧火大小；看湿球温度高低定排气窗和进风洞开度大小。

（二）四严四灵活

烘烤技术应用同鲜烟叶素质相适应要严，具体掌握要灵活；干湿球温度与烟叶变化相适应要严，各阶段维持时间长短要灵活；确保干球温度在规定范围内要严，烧火大小要灵活；湿球温度适宜且稳定要严，排气窗、进风洞开度要灵活。

### 三、烟叶烘烤技术

(一) 变黄阶段（图 11-5）

1. 烟叶变化要求

图 11-5 变黄阶段烟叶

下部烟叶变黄程度达到八成黄；中、上部烟叶变黄程度九至十成黄，且叶片凋萎塌架，主脉变软、勾尖卷边。

2. 干球温度和湿球温度控制

装烟后关天窗、地洞和门窗，烧小火将烤房温度提高到 35℃左右，保持湿球温度 33℃～34℃，经若干小时使叶尖变黄后，将干球温度以每 2 小时升 1℃的速度升至 38℃，稳温延长时间，控制湿球温度 34℃～36℃，使烟叶大量变黄，达到底层烟叶 80%左右黄片青筋，少量含青，即烟筋和烟筋两边呈青色、叶基部微带青色，其余均为黄色，同时叶片发软（失水量 20%左右）。之后再升温到 40℃～42℃，保持湿球温度 36℃～37℃，使底层全部烟叶和二层部分烟叶达到既变黄又变软塌架（失水量 35%左右）的要求。

3. 注意事项

既要防止烟叶发生硬变黄，也要防止变黄不均匀或变黄不够。湿球温度过低时可以给烤房加水补湿，湿球温度高于要求标准时要及时开启天窗排湿。在 42℃时必须达到烟叶既变黄又变软，二者缺一不可。若烟叶变黄不够，保温保湿时间要拉长，使烟叶完成变黄；若烟叶失水干燥不够，要开大天窗地洞，加大烧火进行排湿，温、湿度不得上升或下降。

(二) 定色阶段（图 11-6、图 11-7）

1. 烟叶变化控制

50℃以前使中上层烟叶充分变黄发软，达到黄片黄筋，54℃稳温到烟叶大卷筒。

图 11-6 定色阶段烟叶（46℃-48℃）

图 11-7 定色阶段烟叶（54℃–55℃）

2. 干球温度控制

干球温度以每 2～3 小时提升 1℃的速度升至 54℃。若烟叶失水慢或烟筋变黄慢，必须在 45℃～48℃时稳温延长时间，使烟筋实现变黄，部分烟叶达到小卷筒。然后再以每 1～2 小时提升 1℃的速度升温至 54℃～55℃，稳温至叶片完成干燥。

3. 湿球温度控制

随干球温度上升，湿球温度逐步上升且稳定在 37℃～40℃。

4. 注意事项

烧火要稳中加大，升温要准确无误，排湿要结合烧火主动及时。天窗地洞开启要根据湿球温度高低灵活调整，大排湿时要开大天窗地洞烧大火，小排湿时要关小天窗地洞烧小火。整个定色过程要谨防烧火忽大忽小，温度猛升猛降，防止湿球温度超过 40℃或忽高忽低。在干球温度达到 50℃以前务必使烟叶达到黄片黄筋小卷筒。

（三）干筋阶段（图 11-8）

1. 烟叶变化要求

全部烟叶主脉充分干燥。

2. 干球温度控制

以每小时提升 1℃的速度由 55℃升温到 68℃，稳温最高不超过 70℃，直到烟叶完全干燥。

图 11-8 干筋阶段烟叶

3. 湿球温度控制

湿球温度稳定在 40℃～43℃至烘烤结束。

4. 注意事项

干球温度达到 60℃之后，以湿球温度不超过 43℃为准，逐渐关小地洞、天窗。

## 第三节 特殊烟叶的烘烤技术

在烟叶生产过程中，不可避免地受气候、栽培等自然和人为因素的影响而生产与常规鲜烟素质不一样的烟叶，在烘烤上称之为特殊烟叶。特殊烟叶在烘烤上需采取相应的烘烤技术措施，才能保证烟叶烘烤质量。这些特殊烟叶主要包括干旱烟、旱黄烟、高含水烟、返青烟和多雨季节生产的烟叶等类型。

## 一、干旱烟烘烤技术

干旱烟是指长时间干旱或少雨条件下含水量少的成熟烟叶。

（一）采收与装烟

在正常成熟采收的基础上，应适当稠（密）装烟（12 成）以利于保温变黄。

（二）烘烤技术要点

低温慢变黄是干旱烟基本策略。在变黄阶段，第一应加强保温，保持干球温度35℃～37℃，干湿差 1℃左右，当湿球温度偏低时，应注意及时适当补湿；第二，必要时可将烤房温度提高到 39℃～41℃，当烟叶脱水变软再保持相对低温，大胆提高变黄程度，促进烟叶内含物转化安全。转火后的烟叶含水多和变黄任务大时，要慢升温，也可在 48℃～49℃时延长一段时间，使烟叶含水量下降和变黄完全，逐渐加快升温，防止回青与挂灰。定色期宜控制较高的湿球温度（39℃～41℃），增加烟叶外观色泽，在 54℃（干球）充分延长时间，直至全烤房叶片定色后，再转入干筋期。干筋期温度控制在 68℃，湿球温度保持在 41℃～42℃。干球温度不能过高，湿球温度不能过低，防烤红和香气大量流失，且节约燃料。

## 二、旱黄烟烘烤技术

旱黄烟是指长时间干旱造成的假熟叶。

（一）采收与装烟

第一，若有水源，应及时补水，等真正成熟采收。

第二，若无水源，应尽可能推迟采收，等雨。

第三，若烟叶已出现枯尖焦边时，及时采收，免得造成更大损失。

第四，这种烟成熟差，含水少，装烟（比正常）稍密，以利保温保湿，但也不能过密。

（二）烘烤技术要点

变黄阶段：干球温度一般在 39℃～40℃，干湿差 1℃～2℃，促使烟叶脱水变软，增加房内湿度，等叶片发软后，可适当降温至 37℃，保湿变黄。必要时，向炕内加水补湿。

定色阶段：转火时，烟叶变黄程度要比正常烟叶略低些，但干燥程度不能低，达到青筋黄片，叶基部微带青，主脉尖部 1/3 变软即可。这时升温要慢中求快，确保烟叶含水较多时慢变黄，缓慢达到干叶。一般在 50℃前，升温速度为每 2～3 小时上升 1℃，湿球温度稳定在 38℃左右。在 50℃之后湿球温度稳定在 39℃左右，若变黄过高，则应加大通风。

干筋阶段：转入正常烟叶烘烤。

## 三、高含水烟烘烤技术

高含水烟是指烟叶在成熟时，遭受到了长时间雨天后形成的烟叶。现以含水量较大的下二棚叶片为例进行烘烤技术要点介绍。

（一）采收与装烟

下二棚叶片大而薄，含水量大，一般绿中带黄，应适当早收，注意不采露水烟。装烟宜稀不宜密，确保烟叶顺利定色。

（二）烘烤技术要点

变黄阶段：装烟后及时点火升温，以每小时升温 1℃的速度把干球温度升至 37℃～38℃，水分较大的下二棚叶，起点温度应高些（达 39℃），保持干湿差 3℃左右，使烟叶失水凋萎。

定色阶段：使底棚烟叶变黄 5 成左右，主脉 1/3 变软后，仍以每小时升 1℃的速度将干球温度升至 42℃，湿球温度仍保持 36℃～37℃，使房内烟叶变黄至黄片青筋，微带青，主脉发软，充分塌架，再将干球温度升至 46℃～48℃，保持湿球温度 37℃～38℃，使炕内烟叶全变黄，干燥，达小卷筒。

干筋阶段：转入正常烟叶烘烤。

这种烟叶烘烤时间不宜过长，一般 4 天左右。

## 四、返青烟烘烤技术

返青烟是指烟叶变黄时，遭受到大雨后又返青的烟叶。

（一）采烟与装烟

最好等天晴后成熟再采收，若天气连阴，放晴无望，应及时采收。装烟时宜稀不宜密，一般为正常的 80%。

（二）烘烤技术要点

基本原则是：高温变黄，低温定色。

变黄阶段：温度应控制在 40℃左右，保持干湿差为 4℃，既防止温度偏低水分难以汽化脱除，变黄慢而出现硬变黄，又要防止升温过高（42℃）而造成青烟蒸片。

定色阶段：转火后，46℃以后以2～3小时升温1℃的速度升温，在46℃～47℃时充分延长时间，大量排湿，使烟叶叶片2/3干燥，达小卷筒，当温度超过48℃后进入正常烘烤。整个定色期湿球温度宜控制在37℃左右，不超过38℃。

注意事项：在40℃以前，烟叶的变黄程度不能高，干燥程度不能低，以防烟叶后期脱水定色不及时而烤黑。

### 五、多雨季节烟烘烤技术

多雨季节烟是指烟叶在成熟时，遭受到了长时间雨天后形成的烟叶。

（一）采烟与装烟

一是适时早收。二是要编稀竿，装稀炕，以便顺利排湿和及时定色。

（二）烘烤技术要点

采用高温快速排湿法：

变黄期：温度宜在38℃～40℃，干湿差3℃以上，并逐渐升至41℃～42℃，使烟叶逐渐变黄，靠降湿球温度使其变软，5～6成黄转入定色期。

定色期：转火后，在46℃～48℃之间延长时间，使主脉充分变软，勾尖卷边至小卷筒。最后边升温、边变黄、边失水，确保烟叶顺利变黄定色，这时干湿差为2℃～3℃，以后转入正常烘烤。

## 第四节 几种烤坏烟的原因分析

在烟叶烘烤过程中，常出现烤青烟、蒸片、挂灰等几种烤坏烟现象，给烟农和行业造成较大的损失。

### 一、烤青烟产生原因

烤青烟（图11-9）产生的原因主要有以下几个方面：一是采生。成熟度越差的烟叶越容易烤青。二是混竿。烟竿上所编烟叶素质差异大。三是装炕。变黄慢的烟叶装在底棚、水分小的干旱烟叶装烟过稀。四是烤房不标准。由于烤房底棚过低、保湿不良、烤房内温度不均匀，呈现局部高温区，使烟叶

图11-9　烤青烟

失水过快造成烤青。五是起点温度过高。底棚烟叶往往过早过多失水，不能完成变黄而烤青。六是黄变阶段转火过早。在烟叶变黄程度不够时过早转入定色期，且升温快，形成叶基部含青或叶背青。七是定色阶段升温速度过快。在45℃～50℃期间升温过快，容易形成浮青、回青或里青；烟叶没有达到黄片黄筋时，烤房内温度超过50℃，烤后出现青筋。

## 二、蒸片产生原因

烟叶在烘烤中被高温高湿条件“蒸烫”的现象，称为蒸片。其产生的原因：一是烤房过低、天窗小、地洞少，导致通风排湿不良；炕内棚距过小或不均匀，造成上下层烟叶互相重叠挤压，使这部分的烟叶的干燥严重滞后，造成局部蒸片。二是装炕前烟叶堆积过高、过大，时间过长，烟层内部起热蒸烫烟叶；编竿过稠，使烟叶在变黄期难以汽化，随着温度升高叶间隙通风不良、排湿不顺而形成蒸片；装炕不均匀，或烟叶挤压在挂烟槽内，过稠处的烟叶干燥严重滞后，易形成局部蒸片。三是烘烤的变黄阶段，温度突然升高，造成底棚叶尖部未黄先蒸；定色过程中烧火过大，升温过快，烟叶水分汽化速度同步加快，但排湿不及时，使湿球温度与干球温度同时升高，达到43℃～45℃，且时间过长（如超过3小时），即成蒸片；50℃之后升温过快，或54℃稳温时间过短，烟叶基部尚含有较多水分时猛升温，使叶片基部出现局部蒸片。

## 三、挂灰产生原因

烟叶烤后叶面上呈现有斑点状、斑块状或模糊不清的灰褐色，即称为挂灰（图11-10）。其产生的原因：一是易产生蒸片的烤房设备因素也容易造成挂灰。二是较厚的上部叶及未熟叶，在变黄期不容易出汗，烤后挂灰严重。顶部留叶过少（3片以下），在田间滞留时间越长越易挂灰。三是定色阶段升温过快，尤其是含水较多的烟叶，达不到蒸片程度时则表现为挂灰，称之为“热挂灰”。四是定色期间烤房大幅度或长时间降温，使已汽化的水分又重新凝结在叶面上，达不到造成局部蒸片时，称为“冷挂灰”。五是变黄过度，干物质消耗过多，也易产生挂灰。

图 11-10　挂灰烟

第十二章

# 烤烟国家分级标准

## 第一节 烤烟国家分级标准的历史沿革

烟叶分级标准与两烟生产有密切的关系，它是一定历史阶段的产物，随着烟叶生产的发展，烟草制品配方结构及类型的演变而不断变化。

烤烟分级标准是在新中国成立后建立起来的，在这之前没有自己的烤烟分级标准，分级标准被英、美等国垄断。

新中国成立后，在党和政府的领导、重视下，烟区日益发展，为贯彻优质优价政策，烤烟主产区先后制定了地方性的分级标准。山东省曾制定了20级标准，即金黄9个级、赤黄6个级、青黄4个级，外加一个末级。华东区有关部门在此基础上于1952年制定了16级标准，先后在山东、河南、安徽、贵州等烟区实行。而河南省制定了3等9级标准，但在执行中发现难以包容完少量低档次烟叶，而后又增加了上、中、下3个等级成为12级标准，后修订为9级标准，先后在河南、云南、贵州、四川等省试行。东北烟区制定了按颜色分组的14级标准，即金黄8个级、青黄6个级，后修订为金黄5个级、青黄3个级、1个末级的9级制。该标准主要在辽宁、吉林、黑龙江三省实行。1953年福建省在试行16级制标准中，发现上下部位特征不明显，暂定执行黄烟7个级，青黄烟3个级，即10级标准。广东、广西原试行了黄烟7个级，青黄烟2个级的9级标准，山西省试行了8级标准，贵州省试行了6级标准，福建、安徽省试行了5级标准，湖北省试行了4级标准等。

1952年在华东区召开了有河南、山东、安徽、云南等省及上海、青岛、天津等市主管烟草部门的领导及工程技术人员、烟农代表参加的研讨会，制定了较为科学的16级烤烟分级标准。1953年，河南、山东、安徽三省全面执行16级标准。云、贵、川三省仍执行河南省原试行的3等9级标准，其他烟区暂执行当地标准。

1958年劳力紧缺，有烟分不出级，烟厂停工待料，被迫使用混级烟叶，为此将原16级标准简化为10级标准，即中下部4个级，上部3个级，青黄烟3个级。由于该标准适应了当时形势，所以很快推行到陕西、湖南、江苏、江西、河北、内蒙古及甘肃等省区。但由于1959～1961年三年自然灾害，烤烟分级标准放松执行，1962年河南省恢复了16级标准。

1962年相关部门进行了多方调查、研究和科学试验，制定了烤烟国家标准试行方案（17级制烤烟标准）。1965年以后，通过在河南、山东、云南等省的农业验证和试收购，经全国卷烟企业使用，烟厂提出青黄烟调进数量不多，在配方使用上最终还是混级使用。1967年取消了17级分级标准中青黄烟部位因素，即将上部的青黄烟2、3级并入中下部青黄烟2、3级，青黄烟由原来5个等级减为3个等级，称为15级烤烟分级标准，该标准即后来15个等级国标的前身。

1987年国家烟草专卖局形成了“烤烟出口标准试用方案（第一次修订稿）”，该方案分4个部位，3个基本色，选用了色度均、洁净度等分级因素，共分为35个等级。1988年国家烟草专卖局对出口烟叶标准进行了修订，修订后取消了顶叶组，增加了完熟组，并将品质因素中的“色度均”改为“色度”，取消了“洁净度”，增加了“均匀度”，增加了4个等级，共为39个等级。1990年国家烟草专卖局决定在原来的微带青组中的3个部位3个等级基础上增加1个上部微带青等级，这样就形成了“国家烤烟40级标准”。1998年和2000年分别对烤烟国家标准进行了再次修改，分别通过了GB2635-92烤烟国家标准第1号修改单和GB2635-92烤烟第2号修改单，其中增加了C4F、C4L，使国标成为42级，于2000年烤烟收购起实施。

## 第二节 烤烟分组和分级原理

烟叶分级就是按烟叶类型、质量优劣划分成若干个等级，以便按质论价，便于卷烟工业配方使用。目前，世界上各产烟国的烟叶分级都是按分类—分型—分组—分级的体系进行，这一体系称为烟叶分级的原理。首先按照烟叶的调制方法、性质和用途分类；同类烟叶再按烟叶种植的生态类型分型；同一类型的烟叶再按部分、颜色等分组；同一组的烟叶依据一定的分级因素分级，即在各个组内划分成若干个连续的级别，最终分清烟叶质量。

## 一、烤烟分组原理

分组是依据一定的分组因素对同一类型烟叶的再区分，是进一步分清烟叶质量，划清等级的基础。分组的主要依据是对烟叶质量影响较大的外观因素，如烟叶部位、颜色等，依据一定的分组因素把几个质量接近等级的烟叶划在一起的过程叫分组。我国现行烤烟分级标准中共划分 13 个组，美国烤烟分 17 个组。

### (一) 烤烟部位分组

烟叶在烟株上着生的位置称为部位。国内通常把烟叶分成 5 个部位或 3 个部位。5 个部位自下而上分为脚叶、下二棚、腰叶、上二棚和顶叶；3 个部位自下而上分为下部叶（包括脚叶和下二棚）、中部叶（腰叶）和上部叶（包括上二棚和顶叶）。烟叶因在烟茎上着生的位置不同而具有不同的部位特征，烤烟部位分组是指依据烟叶所具有的不同部位特征，将烟叶分成不同组别的过程。我国现行烤烟国家标准把烤烟分为 3 个部位，即下部叶（包括脚叶和下二棚，代号 X）、中部叶（腰叶，代号 C）和上部叶（包括上二棚和顶叶，代号 B）。

在区分烟叶部位时，主要从烟叶外观特征加以区分。不同部位烟叶一般采用脉相、叶形、叶面、厚度 4 个因素加以区分。经各产烟区大量烟叶验证和定株观察，在一般栽培条件下，下、中、上部烟叶外观特征如下：

下部烟叶（图 12-1）：主脉较细，遮盖，近叶尖出弯曲；叶形较宽圆，叶尖较钝；叶面皱缩，叶片薄至稍薄；叶脉发白，颜色浅淡，有一种内含物的缺乏感，组织疏松，油分较少，弹性较弱。

图 12-1　下部烟叶

图 12-2　中部烟叶

中部烟叶（图 12-2）：主脉粗细适中，遮盖至微露，叶尖出稍弯曲；叶面稍皱缩，叶形较宽；叶尖较钝，厚薄适中，颜色深浅适中，介于上、下部位之间；组织疏松，油分多，弹性强。

上部烟叶（图 12-3）：主脉较粗或粗，较显露至突起；叶片窄长，叶尖尖锐；

叶面稍褶皱至平坦，常有蜡质；叶片较厚或厚，颜色较深，组织紧密；油分较多，弹性较强，介于中部和下部之间。

图 12-3 上部烟叶

图 12-4 柠檬黄、橘黄、红棕（从左往右）

（二）烤烟颜色分组

烟叶的颜色指鲜烟叶经过调制后所呈现的色彩。烟叶的颜色是因色素的存在而表现出来的，不同颜色的烟叶存在着色彩、深浅差异等不同的特征。烤烟颜色分组是指依据烟叶表面所具有的不同颜色特征将烟叶分成不同组别的方法。颜色的分类方法很多，世界上多数烤烟国家都是按不同颜色，将烟叶分成不同组别。我国现行烤烟国家标准将烟叶颜色分为柠檬黄色（代号 L）、橘黄色（代号 F）和红棕色（代号 R）（图 12-4）3 种基本色组以及青黄色（代号 GY）、杂色（代号 K）等非基本色组。烟叶基本色是指烟叶在正常条件下形成的正常颜色，非基本色则指在非正常条件下形成的非正常颜色。

1. 影响烟叶颜色的因素

影响烟叶颜色的因素很多，从分组角度来说，烟叶颜色的深浅主要受部位、成熟度、栽培技术、调制工艺和贮存条件等因素影响。

(1) 部位。随烟叶着生部位的不同，由上而下，颜色由浅变深。即一般较浅色的烟叶多出自下部，偏深色的烟叶多出自上部，中部的烟叶一般深浅适宜。

(2) 成熟度。田间正常成熟的烟叶，烤后多呈现橘黄色；而田间成熟度差的烟叶，烤后颜色浅淡；未成熟的烟叶烤后易带不同程度的青色。

(3) 栽培技术。对烟叶颜色有影响的栽培技术，主要有施肥、密度、打顶除芽等。施肥充足，氮、磷、钾配比平衡，密度较稀，及时打顶、抹杈，单株留叶数较少的烟田，烤后烟叶颜色较深。而施肥量低，密度较密，单株留叶数多，不打顶或抹杈不彻底，则烟叶颜色较浅。

(4) 调制工艺。调制工艺与烟叶颜色关系十分密切，调制技术不当，烟叶会出现各种不同颜色。如变黄期的温、湿度不当，变黄过快、变黄不充分，即使田间正常成熟的烟叶，调制后也可能含青。定色期排湿不畅或排湿不及时或温度下降等，烟叶颜色会加深，甚至导致褐色或“倒汗”、挂灰等烤坏烟叶的产生。干筋期温度过高，则会出现烤红烟。

(5) 气候条件。气候干燥，往往使烟叶颜色变深。成熟期多雨水，可使烟叶颜色变浅。

(6) 贮存条件。在温、湿度适宜的条件下，贮存期间烟叶中的棕色化反应可使烟叶颜色有所加深，品质变好。但贮存保管中若温度高、湿度大，会使颜色变深过度，品质变差。贮存期烟叶见光，会导致叶片褪色，颜色变浅。

2. 各颜色组的概念与定义

我国现行烟叶分级标准中，仅烤烟分级标准采用了颜色作为分组因素，分为柠檬黄色、橘黄色、红棕色、微带青、青黄色、杂色共 6 个颜色组。而其他类型烟叶，如香料烟、白肋烟都未把颜色作为分组因素。

(1) 基本色组

柠檬黄色组（L）：指烟叶表面呈现纯正黄色的烟叶组，包括淡黄色和正黄色。

橘黄色组（F）：指烟叶表面以黄色为主，并呈现较明显红色的烟叶组，包括金黄和深黄。

红棕色组（R）：指烟叶表面呈现明显红棕色的烟叶组，包括橘红、浅红棕和红棕。值得强调的是，红棕色是基本色，是正常生长、调制适当所形成的烟叶颜色。而因调制不当或其他原因造成的红色、棕色，如烤红、潮红等，不能视为红棕色。

(2) 非基本色组

青黄烟组（GY）：指黄色烟叶上含有任何可见的青色且不超过三成的烟叶组。此定义规定了青黄烟的界限，下限为任何可见的青色，不论含青程度多么微弱，含青面积多么微小；上限为不超过三成（含三成）。

微带青组（V）：指黄色烟叶上叶脉带青或叶片含微浮青面积在 10%以内的烟叶组。它是从青黄烟组中进一步划分而来的一个副组。青黄烟组中有部分烟叶含青程度和面积均极微，而其他品质因素又尚好。这类烟叶的质量和使用价值与青黄烟组中含青较高的烟叶相比差异较大。规定或者叶脉带青，或者叶片含微浮青面积在 10%以内，二者不得同时并存，若叶脉带青和叶片含微浮青并存，则不属于微带青范畴。

杂色组（K）：杂色指烟叶表面存在的非基本色颜色斑块（不包括青黄色）。任何杂色面积占全叶20%及其以上的叶片称为杂色叶，杂色叶归入杂色组定级。我国现行国家分级标准依据部位将杂色分为中下部杂色组（CXK）和上部杂色组（BK）两个组。

（三）烤烟性质与用途分组

1. 完熟叶组（H）

完熟叶组指产生在上二棚及其以上部位，达到高度的或充分成熟的烟叶组。该组烟叶油分少，烟质干燥，以手触摸有干燥感，叶面皱褶，颗粒感强，有成熟斑点，叶色深，叶片结构疏松，叶片较薄、较轻，闻起来有明显的发酵烟的香甜味，手摇时可听到干燥的“嘶嘶”声。完熟叶可不需长期陈化即可使用，很受卷烟工业的欢迎。

2. 光滑叶组（S）

烟叶光滑是指叶表面僵硬，无颗粒，手摸有似摸塑料或硬质纸的感觉，喷水于叶面不易吸收（图12-5）。这类烟叶多产生于中下部，主要原因为光照不足，叶片营养不良。上部光滑叶的出现则主要是成熟度不够或营养不良。我国现行烤烟国家标准规定，当烟叶的光滑面积达到20%及其以上者，均称为光滑叶。由于光滑叶是原料生产中要逐步消灭的烟叶，标准中仅设S1和S2两等级，并且不分部位。

图12-5　光滑叶

（四）烤烟国家标准中的组别设置

1. 主组设置

主组是指按烟叶部位和颜色及特殊用途而划分的几个组别，以部位和颜色为基本分组因素，进行两次分组。主组是为生长发育正常、采收烘烤适当而形成的质量较好的烟叶设置的，包含了正常条件下生产的大部分烟叶。

我国现行烤烟国家标准中，主组依据部位设下部（X）、中部（C）和上部（B）3个部位，依据颜色设柠檬黄色（L）、橘黄色（F）和红棕色（R）3种颜色。依据部位和颜色设下部柠檬黄色组（XL）、下部橘黄色组（XF）、中部柠檬黄色组（CL）、中部橘黄色组（CF）、上部柠檬黄色组（BL）、上部橘黄色组（BF）和上部红棕色组（BR），共7个组，因下部和中部极少出现红棕色烟叶而未设置红棕色组。还将具有特殊用途和高度成熟度的烟叶设置了一个完熟叶组（H）。这样，现行烤烟国家标准中，主组共设置了8个组。

2. 副组设置

副组是为区分那些生长发育不良、采收不当、调制失误以及其他原因造成烟叶表面光滑、杂色、含青等低质量烟叶而设置的，是依据其影响烟叶质量的主要外观特征而划分的组别。我国现行烤烟国家标准依据这些外观特征及其数量指标划分为光滑叶组（S）、杂色叶组（K）、青黄烟组（GY）和微带青组（V），其中杂色叶组又按部分分为中下部杂色组（CXK）和上部杂色组（BK）。所以，副组共设置5个组。

## 二、烤烟分级原理

对同一组内的烟叶，依据一定的分级因素，用感官的方法把烟叶划分成若干个等级的过程称为分级。烟叶等级是衡量烟叶外观质量的基本单位，只有正确按照烟叶分级标准进行等级划分，才能达到分清烟叶质量的目的。我国现行烤烟分级标准把烟叶划分42级。美国烤烟分153级，巴西烤烟分48级。

（一）分级的原则

1. 每个等级的质量容许度不可太宽，以符合卷烟工业的需要。每个等级所包容的烟叶，其质量应尽可能一致。若同一等级包容的烟叶质量差异幅度过大，不利于保持等级的稳定，造成不同年份、不同地区、不同生产技术条件下同一等级质量差异过大，从而使卷烟工业难以保持卷烟产品质量稳定。

2. 各等级要有明显的外观特征，等级之间易于区别，方便分级操作，有利于工商交接。

3. 等级数目的设置要以科学为依据、国情为出发点。在等级数目设置上，既要考虑到有利于划分不同质量的烟叶，使其符合卷烟工业的要求，又要兼顾我国收购现状及生产者的接受能力，以利推广。

4. 分级因素的选择应符合外观特征与内在质量密切相关的原则，也就是“表里一致”的原则。

（二）分级因素

1. 分级因素的概念

分级因素是指用以衡量烟叶等级质量和内在质量的外观特征因素，又称品级因素，包括品质因素和控制因素两个方面。

（1）品质因素。指反映烟叶内在质量的外观因素，如成熟度、油分、叶片结构、身份、色度、叶片长度等。这些因素是烟叶本身所固有的特征，是衡量烟叶质量优劣的依据。分级标准按烟叶等级的高低规定不同的品质因素指标，要求该级别烟叶必须达到相应规定。

(2) 控制因素。指影响烟叶内在质量的外观因素，如残伤、杂色、破损等。控制因素不是烟叶本身固有的特征，而是因受某些外因影响而产生的。虽然控制因素不是烟叶本身固有的特征，但它影响烟叶的外观质量和内在质量，导致烟叶质量下降。

2. 分级因素描述

(1) 成熟度。指烟叶成熟的程度。在烤烟分级标准中所称的成熟度，是指调制后烟叶的成熟程度，包括田间和调制成熟度，即田间鲜烟的成熟度加上调制后熟的程度。成熟度是烟叶品质的中心因素，是烤烟分级的一个十分重要的分级因素，它与烟叶的其他外观特征密切相关。成熟度在一定程度上可视为烟叶质量的代名词。目前世界烤烟生产先进国家都把成熟度放在诸分级因素的首位。

依照调制后烟叶的成熟状态，将成熟度划分为完熟、成熟、尚熟、欠熟、假熟五个档次。

①完熟。指着生在烟株中部以上部位且成熟非常充分的烟叶。

其外观特征：由于烟叶达到高度成熟，内在成分消耗较多，叶片结构为疏松状，油分较少、叶质较干燥，用手触摸有干燥感，叶面皱折，颗粒多，有成熟的斑点，叶色深，常伴有赤星病斑，闻香突出，多为橘黄色和红棕色。这种烟叶闻起来有明显的发酵烟的香甜味。手摇时，可听到干燥的“嘶嘶”声。

②成熟。烟叶发育充分，并达到完满的或充分的成熟，已具备了基本色的质量特征。叶片细胞已达疏开状，即细胞孔度大。

其外观特征：具备了黄色烟叶的基本色，叶片正反面色泽相似，背面视支脉明显，叶面皱，柔而不腻，韧而不脆，弹性好，色泽饱满，光泽强，加压不黏结，无虚飘之感。

③尚熟。属中等成熟度。烟叶已达充分发育，但刚成熟，尚缺少成熟的质量特征。由于叶绿素分解较缓慢，升温不当易出现青黄色烟。

其外观特征：多呈浅色，可能带有黄片青筋或叶基微带浮青，叶细胞尚未疏开，组织略密，有韧性，弹性略差，略有平滑部分，光泽中等，有分量。

④欠熟。成熟的最低程度。多指青黄色或发育不完全而未达成熟的烟叶，不具备成熟叶片的质量特征。

其外观特征：弹性差，色泽弱，叶片紧密，有硬实感或光滑感，多带青色。青黄色组烟叶属之。

⑤假熟。仅出现于脚叶，因下部的烟叶在生长过程中，养分不足，日照不多，

虽未成熟，却已呈现成熟状态，故称假熟。

其外观特征：叶薄色淡，表面平滑或僵硬，色泽弱，弹性差，叶表面无颗粒。

(2) 叶片结构。指烟叶细胞排列的疏密程度，以厚度表示。叶片结构的疏密程度，应从叶片的内在结构上认识，可以用单位面积上的细胞数目来衡量。细胞排列间隙大即是疏松；细胞排列间隙小，单位面积上的细胞数多即是紧密。由于细胞排列紧密，反映在叶面上就有粗糙疏松的感觉。叶片是由细胞组成的，细胞发育状况和细胞排列间隙大小与烟叶的填充性、弹性、燃烧性都有关系。一般规律是：细胞发育好、间隙大，则填充性、弹性及燃烧性均好。而细胞发育差、排列紧密、间隙小，则填充性、弹性、燃烧性均差。因此，叶片结构是反映烟叶质量的重要因素之一。

叶片结构和烟叶着生位置以及烟叶成熟度都有关系。一般而言，随着烟叶部位的上升，细胞密度增加，细胞间隙缩小。同一部位的烟叶，随成熟度的提高，细胞密度降低、细胞间隙增大。所以，上部烟叶片结构较下部烟紧密，成熟差的烟较成熟好的烟叶片结构紧密。从部位和成熟度二者对叶片结构的影响来看，以成熟度对叶片结构的影响更大。

根据烟叶的结构状态，叶片结构分为：疏松、尚疏松、稍密、紧密四个档次。

①疏松。指正常发育成熟的中下部叶及完熟叶，叶片细胞排列间隙大，松弛程度高。其外观具备了成熟叶片的质量特征，韧性和弹性好，色泽饱满，人工加压不会使烟叶黏结而出现难以松散的现象。

必须强调的是：这种组织结构疏松的烟叶并不像原来认为的下部烟叶由于营养不良、片薄、油分少而脆弱的、缺乏油分与弹性的烟叶所显示的那种疏松状态。

②尚疏松。指正常发育成熟的上部叶或尚熟的中下部叶。叶片细胞排列间隙尚大，松弛程度尚高。

③稍密。指正常成熟的上部叶或尚熟、欠熟的中下部叶，叶片细胞排列间隙较小。

④紧密。多指上部烟叶，细胞间隙小，排列致密。其特点是：组织细密，结构紧实，韧性尚好。

(3) 身份。指烟叶厚度、细胞密度和单位叶面积重量的综合状态，以厚度表示。但这里所称厚度并非指单纯的物理量度，还包括叶片细胞密度和单位叶面积重量状态。叶片厚度一般随部位的上升而增厚，同一部位则随成熟度的提高而趋薄。

根据烟叶的厚薄、密度状态，结合人们感官可觉察到的差异幅度，将烟叶身份分为适中、稍厚、稍薄、厚、薄。

(4) 油分。指烟叶组织细胞内含有的一种柔软液体或半液体物质，在烟叶外观上反映为油润、丰满、枯燥的程度。油分是国内外烤烟分级中的一个通用名词，并非指烟叶内含油的多少，而是烟叶在一定含水量情况下，人们眼看、手摸有油润或枯燥的不同感觉。

油分的多少，直接影响香气的吃味，油分多的烟叶，香气质好、量多，刺激性小，杂气少。根据烟叶外观油分状态，将油分分为多、有、稍有、少四个档次。

多：叶片韧性强、弹性好，手握松开后恢复能力强，耐扯拉力好，叶表面有油性反映。

有：叶片有韧性、弹性较好、耐扯拉力尚好、叶表面尚有油性反映。

稍有：尚有一定的韧性和弹性，尚有耐扯拉力，叶表面油性反映不太显露。

少：韧性及弹性差、耐扯拉力弱，无油性反映。

(5) 色度。指烟叶表面颜色的均匀程度、饱和程度和光泽强度，是一个综合的概念，包含烟叶颜色的均匀程度、饱和程度、鲜艳程度三层含义。均匀程度为烟叶表面颜色均匀一致的状态；饱和程度为颜色的浓淡状态；光泽强度为视觉对颜色强弱状态的反映。所以，应综合颜色的均匀状态，饱和状态和光泽强弱状态三方面因素来衡量色度。

色度划分为浓、强、中、弱、淡五个档次。

浓：烟叶表面颜色均匀、饱满、视觉色彩反映强。

强：烟叶表面颜色均匀、尚饱满、视觉色彩反映较强。

中：烟叶表面颜色稍有不匀、不够饱满、视觉色彩反映一般。

弱：烟叶表面颜色不匀、饱满度差、视觉色彩反映较弱。

淡：烟叶表面颜色不匀、极不饱满、色淡、视觉色彩反映弱。

(6) 长度。指叶片主脉基部至叶尖的直线量度。即调制后未去梗的烟叶从主脉底端至叶尖端的距离，以厘米表示。对由于某些原因失去了叶尖的烟叶，则以其由主脉基部沿主脉方向的实有长度计量。

(7) 残伤。为控制因素，指烟叶组织受到破坏（如病斑、枯焦），失去成丝强度和坚实性，或杂色透过叶背，使组织受到破坏，基本无使用价值。残伤对烟叶质量影响较大，残伤面积愈大，对质量影响愈大。包括由于烟叶成熟度的提高而出现的病斑、焦尖和焦边，以百分数表示。

## 第三节 烤烟国家四十二级分级标准

### 一、分组分级代号与设置

现行国家烤烟分级标准不仅采用了国际上通用的分组、分级方法，而且还使用英文字母表示组别和阿拉伯数字表示等级，便于国际交流和烟叶出口贸易。

(一) 分组代号

X——下部叶组；C——中部叶组；B——上部叶组；CX——中下部；H——完熟中组；L——柠檬黄色组；F——橘黄色组；R——红棕色组；K——杂色叶组；S——光滑叶组；V——微带青叶组；GY——青黄叶组。

(二) 等级代号

等级代号有 1～3 个英文字母及阿拉伯数字组成。英文字母表示部位、颜色及其他与总体质量相关的特征，表示级别；阿拉伯数字表示品质，用 1、2、3、4 分别表示一级、二级、三级、四级。

等级代号书写一般方法是部位 + 品质 + 颜色。如下部橘黄一级表示为 X1F，中部柠檬黄二级表示为 C2L。

(三) 等级设置

现行烤烟国家标准共设置 42 个等级，其中主组 29 个等级，副组 13 个等级，见表 12-1。

表 12-1 烤烟等级设置

| 组别 | 主组 | | | | | | | | 副组 | | | | |
|---|---|---|---|---|---|---|---|---|---|---|---|---|---|
| | XL | XF | CL | CF | BL | BF | BR | H | CXK | BK | S | GY | V |
| 等级设置 | X1L | X1F | C1L | C1F | B1L | B1F | B1R | H1F | CX1K | B1K | S1 | GY1 | X2V |
| | X2L | X2F | C2L | C2F | B2L | B2F | B2R | H2F | CX2K | B2K | S2 | GY2 | C3V |
| | X3L | X3F | C3L | C3F | B3L | B3F | B3R | | | B3K | | | B2V |
| | X4L | X4F | C4L | C4F | B4L | B4F | | | | | | | S3V |

### 二、等级质量规定

根据烤烟各等级质量的高低，我国烤烟国家分级标准对每个等级的成熟度、叶片结构、身份、油分、色度、长度和残伤7个外观品级因素作了具体规定，见表12–2。

**表 12–2 烟叶等级的品质规定**

| | 组别 | 级别 | 代号 | 成熟度 | 叶片结构 | 身份 | 油分 | 色度 | 长度(厘米) | 残伤(%) |
|---|---|---|---|---|---|---|---|---|---|---|
| 下部(X) | 柠檬黄(L) | 1 | X1L | 成熟 | 疏松 | 稍薄 | 有 | 强 | 40 | 15 |
| | | 2 | X2L | 成熟 | 疏松 | 薄 | 稍有 | 中 | 35 | 25 |
| | | 3 | X3L | 成熟 | 疏松 | 薄 | 稍有 | 弱 | 30 | 30 |
| | | 4 | X4L | 假熟 | 疏松 | 薄 | 少 | 浅 | 25 | 35 |
| | 橘黄(F) | 1 | X1F | 成熟 | 疏松 | 稍薄 | 有 | 强 | 40 | 15 |
| | | 2 | X2F | 成熟 | 疏松 | 稍薄 | 稍有 | 中 | 35 | 25 |
| | | 3 | X3F | 成熟 | 疏松 | 稍薄 | 稍有 | 弱 | 30 | 30 |
| | | 4 | X4F | 假熟 | 疏松 | 薄 | 少 | 浅 | 25 | 35 |
| 中部(C) | 柠檬黄(L) | 1 | C1L | 成熟 | 疏松 | 中等 | 多 | 浓 | 45 | 10 |
| | | 2 | C2L | 成熟 | 疏松 | 中等 | 有 | 强 | 40 | 15 |
| | | 3 | C3L | 成熟 | 疏松 | 稍薄 | 有 | 中 | 35 | 25 |
| | | 4 | C4L | 成熟 | 疏松 | 稍薄 | 稍有 | 中 | 35 | 30 |
| | 橘黄(F) | 1 | C1F | 成熟 | 疏松 | 中等 | 多 | 浓 | 45 | 10 |
| | | 2 | C2F | 成熟 | 疏松 | 中等 | 有 | 强 | 40 | 15 |
| | | 3 | C3F | 成熟 | 疏松 | 中等 | 有 | 中 | 35 | 25 |
| | | 4 | C4F | 成熟 | 疏松 | 稍薄 | 稍有 | 中 | 35 | 30 |
| 上部(B) | 柠檬黄(L) | 1 | B1L | 成熟 | 尚疏松 | 中等 | 多 | 浓 | 45 | 15 |
| | | 2 | B2L | 成熟 | 稍密 | 中等 | 有 | 强 | 40 | 20 |
| | | 3 | B3L | 成熟 | 稍密 | 中等 | 稍有 | 中 | 35 | 30 |
| | | 4 | B4L | 成熟 | 紧密 | 稍厚 | 稍有 | 弱 | 30 | 35 |
| | 橘黄(F) | 1 | B1F | 成熟 | 尚疏松 | 稍厚 | 多 | 浓 | 45 | 15 |
| | | 2 | B2F | 成熟 | 尚疏松 | 稍厚 | 有 | 强 | 40 | 20 |
| | | 3 | B3F | 成熟 | 稍密 | 稍厚 | 有 | 中 | 35 | 30 |
| | | 4 | B4F | 成熟 | 稍密 | 厚 | 稍有 | 弱 | 30 | 35 |
| | 红棕色(R) | 1 | B1R | 成熟 | 尚疏松 | 稍厚 | 有 | 浓 | 45 | 15 |
| | | 2 | B2R | 成熟 | 稍密 | 稍厚 | 有 | 强 | 40 | 25 |
| | | 3 | B3R | 成熟 | 稍密 | 厚 | 稍有 | 中 | 35 | 35 |
| 完熟叶(H) | | 1 | H1F | 完熟 | 疏松 | 中等 | 稍有 | 强 | 40 | 20 |
| | | 2 | H2F | 完熟 | 疏松 | 中等 | 稍有 | 中 | 35 | 35 |

续表 12–2

| 组别 | | 级别 | 代号 | 成熟度 | 叶片结构 | 身份 | 油分 | 色度 | 长度(厘米) | 残伤(%) |
|---|---|---|---|---|---|---|---|---|---|---|
| 杂色(K) | 中下部(CX) | 1 | CX1F | 尚熟 | 疏松 | 稍薄 | 有 | – | 35 | 20 |
| | | 2 | CX2K | 欠熟 | 尚疏松 | 薄 | 少 | – | 25 | 25 |
| | 上部(B) | 1 | B1K | 尚熟 | 稍密 | 稍厚 | 有 | – | 35 | 20 |
| | | 2 | B2K | 欠熟 | 紧密 | 厚 | 稍有 | – | 30 | 30 |
| | | 3 | B3K | 欠熟 | 紧密 | 厚 | 少 | – | 25 | 35 |
| 光滑叶(S) | | 1 | S1 | 欠熟 | 紧密 | 稍薄 | 有 | – | 35 | 10 |
| | | 2 | S2 | 欠熟 | 紧密 | 稍薄 | 少 | – | 30 | 20 |
| 青黄色(GY) | | 1 | GY1 | 尚熟 | 尚疏松 | – | 有 | – | 35 | 10 |
| | | 2 | GY2 | 次熟 | 稍密 | 稍薄 | 稍有 | – | 30 | 20 |
| 微带青(V) | 下二棚(X) | 2 | X2V | 尚熟 | 稍密 | 稍厚 | 稍有 | 中 | 35 | 15 |
| | 中部(C) | 3 | C3V | 尚熟 | 紧密 | 稍薄 | 有 | 强 | 40 | 10 |
| | 上部(B) | 2 | B2V | 尚熟 | 疏松 | 稍厚 | 有 | 强 | 40 | 10 |
| | | 3 | B3V | 尚熟 | 疏松 | – | 稍有 | 中 | 35 | 10 |

## 第四节 烤烟分级标准相关条款解释

烤烟国家标准作为国家级的标准，其内容必须符合文字精练、概念清楚的要求，因此，各标准条款只作了规定而没有进行解释，为了更好地理解烤烟国家标准，本节对一些条款加以解释。

### 一、定级原则

烤烟成熟度、叶片结构、身份、油分、色度、长度都达到某级规定，残伤不超过某级规定时，才定为某级。这一原则表明：标准中对各级品质因素的规定都是最低档次要求，而控制因素规定的是最大允许度。只有当烟叶品质因素达到或超过某级的要求，而控制因素不超过该级允许度时，才可定为某级。

例：某上部柠檬黄叶，其品质因素依次为：（成熟度）成熟、（叶片结构）尚疏松、（身份）中等、（油分）有、（色度）浓、（长度）42 厘米。从油分、长度看，其达到 B2L 相应要求；从叶片结构、色度看，其超过 B2L 要求，已达到

B1L 的要求，但该烟叶只能定为 B2L。

原因很简单，其油分及长度只达到 B2L 的要求而未达到 B1L 的要求。可以这样认为：对某一等级而言，允许一个或多个因素高于要求，但不允许任何一个品质因素低于要求。

## 二、验收规则

当重新检验的等级与原确定的等级不符时，则原等级无效。

（一）一批烟叶介于两种颜色的界限上，则视其他品质因素适当定色定级

烟叶颜色深浅多样，就基本色而言，其黄色由浅至深是连续变化的，各颜色间不可能有明显的空当，所以有些烟叶的颜色正好介于两种颜色的界限上（或介于柠檬黄与橘黄之间，或介于橘黄与红棕之间），难以确切判定其颜色归属。

针对上述情况，该条款做了相应规定，对这一规定的理解是：对界于颜色界限上的烟叶，可参考其他品质因素先定色后定级。这里所称的其他品质因素主要指身份或油分。一般情况，同部位的烟叶，橘黄色烟叶要比柠檬黄色烟叶身份偏厚、油分偏多。而橘黄色烟叶比红棕色烟叶身份偏薄、油分偏多。按照这些规律，可对界限上的烟叶适当定组定级。

（二）中下部杂色1级限于腰叶、下二棚部位；上部杂色 1 级限于上二棚部位；光滑 1 级限于腰叶、上二棚、下二棚部位。

该条的含义是：列入中下部杂色 1 级的烟叶，除分级因素要符合该级品质规定外，还必须具备是腰叶、下二棚叶的条件，二者必须同时符合规定时，方可列入该级。对那些确系中部、下二棚的杂色烟叶，但有因素达不到相应规定者，则不能定为该级。

对光滑叶 1 级和上部杂色 1 级亦应作同样解释。

（三）青黄 1 级限于腰叶、上二棚、下二棚部位，含青二成以下的烟叶；青黄 2 级限于含青三成以下者。

此条明确表示：列入青黄 1 级的烟叶，除分级因素要符合该级别品质规定外，还要符合部位和含青度的要求。含青二成以下，既包括含青面积 20%以下的烟叶，也包括含青程度二成青的烟叶。

对“青黄 2 级限于含青三成以下者”亦同样解释。

（四）中部微带青质量低于 C3V 的烟叶可列入 X2V 定级

此条款的含义是：对中部烟叶，若其含青状态属微带青范畴，但其分级因素低于 C3V 级品质规定的，可视其质量状况确定是否列入 X2V 定级，也就是说，并非

必然在 X2V 定级。

如：某一中部烟叶，其含青状态为微带青，但其分级因素中油分档次为“有”，故不符合 C3V 油分规定“多”的要求，此叶符合 X2V 的相应规定，则可定为 X2V 级。但若上例烟叶的油分档次为“稍有”，则既不符合 C3V 的规定，也不符合 X2V 的规定，就不能定为 X2V，只能在青黄组内适当定级。

（五）质量达不到 C4F、C4L 的中部烟叶应列入下部烟组定级。

该条表明：中部烟叶，若其质量达不到中部烟组最低等级品质规定，便可作为下部烟处理，在下部烟组相应级别定级。

（六）中部叶短于 35 厘米者，在下部叶组定级

此规定不能被理解为当中部叶因叶长不足 35 厘米而列入下部叶组定级时，可不考虑其长度。确切理解是：中部叶短于 35 厘米者，可在下部叶组依其品质因素在相应级别定级。换言之，仅从长度一项考虑，当中部叶不足 35 厘米时，下部 1 级及下部 2 级亦已将其排除在外。

（七）杂色面积小于 20%的烟叶，允许在正组定级，但杂色与残伤相加之和不得超过相应等级的残伤百分数，超过者定为下一级；杂色与残伤之和超过该组最低等级残伤允许度者，可在杂色组内适当定级。

该条款有三层含义：

第一，杂色面积小于 20%的烟叶，不做为杂色烟处理，可列入正组定级。

第二，这种烟叶在正组定级时，应将烟叶上的杂色与残伤合并计算，所加之和不得超过相应等级残伤允许度。

如：某品质因素为 B1F 的烟叶，其含杂色为 5%，含残伤为 2%，如何判定其等级呢？首先，该烟叶含杂色不超过 20%，应在正组定级；其次，其杂色与残伤相加为 7%，超过 B1F 残伤允许度，故应定为 B2F。在此例中，如杂色和残伤相加超过 10%，则最多只能在 B3F 定级。

第三，对那些虽然杂色面积小于 20%，但杂色与残伤相加之和已超出该组最低等级残伤允许度的烟叶，仍归入杂色组内适当定级。

如：某上部黄色烟叶，含杂色面积 10%，含残伤面积 20%，二者相加为 30%，已超过了上部叶组最低等级残伤允许度（25%），则该烟叶应在上部杂色叶组内根据质量适当定级。

（八）叶片上同时存在光滑与杂色的烟叶在杂色组定级

该条表明，当叶片上光滑与杂色并存，且光滑与杂色面积都大于 20%时，则将这类烟叶作为杂色烟对待，在杂色组相应级别定级。也就是说，杂色叶组内可以允

许含光滑面积20%以上的杂色叶，但光滑叶组内却不允许含杂色面积30%以上的光滑叶。

（九）青黄烟叶片上存在杂色时仍在青黄烟组按质定级

该条应理解为，当青黄与杂色在一张叶片上共存时，则按青黄烟对待。对于青黄烟，无论其含杂色面积是否超过20%，一律作为青黄烟处理。同样，青黄烟叶片上含有光滑，也仍以青黄烟处理。也可理解为：杂色或光滑叶组内不允许存在青黄烟，但青黄烟组内可容纳含有杂色或光滑的青黄烟叶片。

附带说明一下，杂色叶片或光滑叶片上可允许微带青存在：即当一张叶片上杂色或光滑与微带青共存时，则仍在杂色或光滑组内定级。

（十）破损率的计算

破损率是以把内烟叶破损总面积占把内烟叶应有总面积的百分比计算的。

破损的定义，指烟叶因受到损伤而失去原有的完整性，且每片叶破损面积不超过50%。

破损率的计算公式为：破损率（%）=（把内烟叶破损总面积/把内烟叶应有总面积）×100%

（十一）纯度允差

纯度允差系指某一等级允许混有上、下一级烟叶的幅度。这里的上、下一级指上、下一级的总和，不得只低不高，也不得只高不低。之所以规定纯度允差，是由于考虑到烟叶是农产品，分级靠感官、经验，难免有混高或混低的现象这一实际情况。而那些因主观故意造成的混低现象则不能列为允差范围。

纯度允差的计算公式为：纯度允差（%）=（被检样品内上、下一级重量之和/被检样品总量）×100%

（十二）级外烟

凡列不进标准级但尚有使用价值的烟叶，可视作级外烟。收购部门可根据用户需要决定是否收购。

该条款表明，对于尚有使用价值的级外烟，将由收购部门根据用户的需求，以销定购、自行决定是否收购。

该条款所称的级外烟不包括不列级的烟叶，如青片、霜冻、火伤、火熏、异味、霉变、掺杂、水分超限等，这类烟叶一律不得收购。

第十三章

# 烟叶收购

第一节

## 烟叶烤后处理技术

### 一、回潮

烤后烟叶水分很低，不回潮，极易破碎，也不能充分显现其商品特性。因此，烤后烟叶必须回潮适当。但回潮过度，又会导致霉变等异常现象，影响储存的安全性。干烟叶属于毛细管胶体体系，具有很强的吸湿性，一方面有利于烤后回潮，另一方面又容易回潮过度。

烤后回潮着重考虑两点，一是烟叶回潮的水分标准，二是烟叶回潮的具体方法。后者还涉及是先回潮、后出炕，还是先出炕、后回潮，这不仅与地区和天气条件有关，还与烤房性能有关。

调制后的烟叶大都变得干而脆，含水率较低，如果直接进行分级，在操作过程中极易造碎。故在分级前需将烟叶进行回潮，使烟叶的水分达到收购安全范围时再进行分级。烟叶回潮的主要方法有：

第一，自然回潮。利用烟叶具有较强的吸、放湿性能，在高温多湿季节里进行自然回潮。如烤烟在开炕房前把烤房门及地洞、天窗全部打开，让烟叶吸收空气中的潮气而回软。我国的烟叶调制一般都是在温暖多雨的季节，大气的温、湿度条件均较适合，故多采用自然回潮。

第二，人工加湿回潮。当气温较低或空气干燥，在自然回潮达不到目的时，可采用人工加湿回潮。用热水，喷洒地面，增加空气湿度，等水阴干后，再置放烟叶回潮。使用此法应注意翻动，以免回潮不均匀，回潮后应立即运走成堆，以防再次失水变干。切忌将水直接喷洒在烟叶上，以免发生霉变，降低烟叶品质。

## 二、下炕后的处理

烟叶出炕后，应轻拿轻放，把烟竿放在晾烟架上使其自然回潮，待烟叶水分达14%～15%，即烟筋硬脆、易断、手握有响声、叶片不易碎时进行分级扎把。

# 第二节 烟叶分级扎把技术

## 一、分组、分级

将烟叶先分清部位、颜色，再按杂色烟、微带青烟和青黄烟分为几大类，最后将同一组内的烟叶按“国标”规定的成熟度、油分、身份、色泽的好坏进行分级。烟叶外观质量，指人们感官可以作出判断的质量因素，用感观和经验来判定烟叶的等级质量，判定的方法通常是眼观、手摸、耳听、鼻闻。判定烟叶质量的主要因素有部位、颜色、成熟度、组织结构、身份、油分、色度、宽度、长度、残伤和破损。烟叶的外观质量是内在质量的外部反映，是烟叶收购过程中分级的主要依据。一般认为优质烟叶的外观特征是：成熟度好，组织疏松，厚薄适中，颜色金黄、橘黄，油分足，光泽强，长度50～60厘米，弹性好（烟叶分组分级详见第十二章第二节和第三节）。

## 二、扎把

1. 扎把规格

要求为自然把，上等烟每把15～20片叶，中等烟每把20～25片，下等烟每把25～30片。把头周长10～12厘米、绕宽5厘米。需用同等级烟叶扎把，烟把必须扎紧扎牢，不可将把头顶端包住，烟把内不得有秸皮、烟杈、烟碎片、短梗等杂物。

2. 当前扎把中存在的主要问题

⑴ 烟把大小不均匀。有的一把50～60片叶，甚至70～80片叶，有的一把只有几片叶。并且普遍存在扎把不紧牢问题。

⑵ 不用同等级烟叶扎把。有的是用好烟包次烟扎把，有的是用青烟扎把。

⑶ 掺杂使假。烟把掺烟杈、次烟、烟梗、烟秸皮，甚至掺泥条、铁丝、铁钉等物。

⑷ 水沾烟把。水沾烟把是将未扎把烟柄在水里浸湿后扎把，以增加烟叶的重量。

## 第三节 初烤烟叶储存技术

### 一、烟叶存放

烟叶堆放时叶尖向内，叶基向外，逐层堆放。烟堆一般长宽各 2 米左右，高 1.5 米左右，离墙 30 厘米，堆与堆之间要留走道，以便巡视、操作和检查。烟堆要用草帘、麻袋片等物盖严，门窗关闭，防湿保温。堆放的烟叶含水量以 14%～15% 为宜，最高不得超过 16%，水分过多，回潮过度，会使烟叶颜色变深，导致霉烂变质。回潮不够，烟叶含水量过低，则易破碎，增加机械损伤，不便分级操作。忌用塑料薄膜直接盖烟和包烟，以防发生降氧作用（密封降氧的烟叶，分级后极易霉变）。

### 二、打包成件要求

1. 总体要求

烟把整齐，把头向外，循序相压，装箱厚度均匀，四角填实；包装完整，捆绳紧牢，缝口严密，烤烟不外露，包体端正，唛头清楚。

2. 纯度要求

每包烟叶必须同一产地、同一等级，烟包内无水分超限和霉烂变质的烤烟，不得有非烟物质。

3. 规格要求

麻片包装的初烤烟外观规格为 400 毫米 × 600 毫米 × 800 毫米；每件烤烟用麻片 2 张，每件净重量 50 千克。上等烟每件重 40 千克。包内应放有三员卡。三横两竖，活结捆包。

4. 包装标记

初烤烟标志项目齐全，字迹清晰，书写规范，内容包括：品种、等级（代号）、重量（毛重、净重）、企业名称（产地）、生产年份。

## 第四节 入户预检

### 一、入户预检原则及要求

1. 按照“质管前移，入户预检，约时定点，轮流交售”的原则制定预检方案，对预检工作进行计划安排。

2. 入户预检时要严格按照“四清一规格”即，部位清、颜色清、等级清、把头清，严格扎把规格。对大把头、混部、混级、混色、扎把等不合格的，重新分级扎把。严格控制杂物混入。

3. 预检员可以实行入户指导烟农分级扎把，也可在村社设置专门的预检分级工作点，实行集中预检。

4. 对预检合格的，由预检员当面打捆（打捆是指对装入同一预检袋的不同等级的烟叶用绳子打捆）装袋、封签，填写烤烟预检单，约定交售时间，烟农签字并留存作交售凭据。

5. 按预约时间由预检员带队到烟站交烟。

## 二、预检流程

烟农通过对烟叶分级扎把后，便可请预检员进行预检，预检流程为：制定预检计划→确定预检人员→培训预检人员→分级扎把→组织烟叶预检→预检考核管理。

流程说明：

1. 制定预检计划：收购前，烟叶站（点）根据辖区内烟农分布、户均种植面积等情况，制定预检计划。

2. 确定预检人员：根据预检计划和烟叶站（点）人员情况，确定预检人员。

3. 培训预检人员：在烟叶收购前，烟叶站（点）组织预检人员进行分级技术培训和考试。

4. 分级扎把：烟农在烟叶下烤后，在烟技员的指导下按部位、色组、品质进行分级扎把，并做好分级扎把后烟叶的保管。

5. 组织烟叶预检：根据收购计划安排，在烟农交售烟叶前一天，预检员到农户家中预检，预检合格的烟叶按照不同品质分类包装，并在售烟通知单上填写品种、部位、数量、出售时间、预检员姓名，不合格的重新指导分级。

6. 预检考核管理：烟叶站（点）对预检员烟叶预检情况和工作情况进行考核。

# 第五节 烟叶交售及原收

## 一、品质检验

按照烤烟 42 级国家标准规定的六项品质因素和一项控制因素，逐片、逐把地检验，以感官鉴定为主，批量烟叶取样进行检验，散烟堆全部检验或按不同位置（6～9 处）抽样 3～5 千克或 30～50 把；成件的烟叶，100 件以内取 10%～20%，大于 100 件的取 5%～10%样件，每件由中心向四周不同位置（5～7 处）抽取 3～5 千克，进行逐把检验，求出等级合格率。

$$烟叶等级合格率=\frac{抽检样品合格重量}{抽检样品总重量}\times 100\%$$

## 二、水分检验

为确保烟叶商品安全，必须规定适宜含水分指标。规定水分指标是：初烤烟自然含水率为 16%～18%，并根据自然气候的不同情况，二、三季度初烤烟水分掌握 16%～17%，一、四季度掌握 16%～18%为宜；复烤烟含水率统一规定为 11%～13%。

收购时烟叶的水分检验普遍采用经验性感官检验方法，由感官确定烟叶的干、稍干、适宜、稍潮、潮五种不同物理状态的类别，烟叶水分与感观的关系见表 13–2。

表 13–2　不同含水量烟叶的外观特征

| 手感档次 | 干 | 稍干 | 适宜 | 稍潮 | 潮 |
|---|---|---|---|---|---|
| 烟叶的外观物理特征 | 烟筋硬脆易断，手握时“沙沙”响，叶片易碎 | 烟筋稍脆易断，手握有响声叶片稍碎 | 烟筋稍软不易断，手握叶片稍有响声，不易断 | 烟筋较韧不易断，叶片柔软，手握响声微弱 | 烟筋很韧折不断，叶片湿润，手握无响声 |
| 含水量% | 15 以下 | 16 左右 | 17 左右 | 18 左右 | 19 以上 |
| 收购界限 | 不收 | 收购下限 | 适宜 | 收购上限 | 整理合格后收购 |

## 三、编码收购

通过预检的烟叶，烟农如约到指定的烟站交售，烟站按编码→评级→过磅→入库→信息收集与反馈的流程进行收购。

流程说明：

(1) 编码：编码复检员验证烟农身份证、烟叶种植合同、IC 卡和售烟通知单，手续完备后进行复检，复检合格者由编码员进行编码。密码一式二份，一份交烟农，一份装入密码袋随烟送入评级区。

⑵ 评级：验级员对送入的烟叶对样进行评定等级，定好级后，填写烟叶等级标签，将烟叶连同密码袋送入过磅区。

⑶ 过磅：在过磅区进行解码，与烟农对码，评好级的烟叶由烟农查验确认，同意交售的送入过磅室过磅，有争议的提请烟叶站（点）质量主管裁定，不出售的退还给烟农。农户出售烟叶经过磅室过磅、开单，烟叶入库，单据交给烟农。

⑷ 信息收据与反馈：烟叶入库后，信息员对入库烟叶数量、质量进行汇总，并及时上报。

**四、原收原调**

烟叶原收原调，是指依据烤烟国家标准，严格按照收购标准和规定销售流程，依靠现代信息技术对烟叶身份进行识别管理，从而实现烟叶购销全过程控制的先进经营管理模式，简言之也就是从烟站收购的烟叶原等级调到烟厂（中间不经任何整选）。

第十四章

# 晾晒烟栽培技术要点

晾晒烟是指烟叶在调制过程中，利用阳光进行晒制，或利用晾房进行晾制，或晾晒结合进行调制的一类烟草的总称，它包括了除烤烟以外的全部烟草类型。晾晒烟的种类（类别）较多，本章主要介绍四川省目前生产上有一定栽培面积的晾晒烟。

## 第一节 白肋烟

### 一、白肋烟的品质特点

（一）主要化学成分

白肋烟烟叶的化学成分与烤烟相比，显著的特点是氮组分、非挥发性有机酸和灰分含量较高，其水溶性灰分的碱度较高，而还原糖含量低。优质白肋烟的化学成分为：

1. 烟碱含量在 1.5%～4%之间，最适含量为 3%。烟碱含量与品种、栽培方式等关系较大。

2. 国际上认为还原糖含量为 0.5%较好，一般应小于 1%。还原糖含量与白肋烟晾制关系密切。

3. 总氮 2%～4%，最适含量为 3%。

4. 蛋白质 16%～25%。

5. 氯 0%～1%之间，以 0.4%～0.7%较适宜。

6. 总氮与总烟碱比值（NT/Tnic）为 1～2。

7. 灰分 15%～25%。

（二）物理特性

白肋烟与其他类型烟叶相比，叶片组织稍疏松，叶片较大，中、下部叶较薄，填充性强，可降低用丝率，也可增加卷烟的透气度。白肋烟调制后吸收性能强，能大量地吸收汁料。

（三）香气特征

优质白肋烟具有可可巧克力香、坚果或花生壳香、烟斗杆香，还有少量的木香、鱼腥味和似鸡圈味，这是白肋烟的典型香气特征。

## 二、白肋烟的主要栽培技术要点

白肋烟苗期和大田期的常规生产管理（如育苗、起垄、移栽、打顶抹杈、病虫害防治等）与烤烟相似。但是白肋烟在栽培技术上又有其特殊性。

（一）施肥

1. 氮肥

氮肥对白肋烟产量和质量的影响要比其他养分大，白肋烟用氮肥量是烤烟用氮量的 3～4 倍，川东地区以 12. 5～15 千克 / 亩为宜。如果大量施肥，会产生大量的土壤酸性物质，以至于土壤 pH 值在生长中期常比施肥前要低 0. 6～1。因此，一般需要每公顷施用石灰 1～5 吨，最理想的是在种植烟草前 2～3 年施入石灰，以调节土壤 pH 值至最佳值。

2. 磷、钾和微量元素

在合理施氮的前提下，应根据土壤肥力（养分）状况来确定磷、钾肥和微量元素的用量。同时，要根据土壤类型、气候条件、烟株生长情况以及市场对白肋烟质量的要求，视具体情况确定其施肥量。微量元素的施用应视土壤中是否缺乏而定。对于种植白肋烟的大多数土壤来说，由于施肥量大，土壤的酸度增加，引起钼的有效性下降，应补充钼肥。在土壤 pH 值低于 6.4 的土壤上种植白肋烟时，每亩施用 75 克钼化物（30 克纯钼）。

（二）施肥方法及时期

合理施肥不仅能提高白肋烟的产量和质量，而且还能节约用肥，降低成本。

一般农家肥作基肥，于移栽前起垄时开沟施入。对于砂质土壤，采用多次施氮、钾肥，移栽前施入氮、钾肥的 1/3，其余氮、钾肥应在栽后 2～3 周施入。在雨天较多的年份，应在栽后第 5 周于烟株周围再追施一次氮、钾肥。对于排水良好的土壤，于移栽前 10～15 天，在烟垄的两侧或一侧开 25～30 厘米宽、10～15 厘米深的沟施入氮、钾肥的1/2。其余情况下，氮、钾肥分两次条施，一次在移栽后 10 天进行，施入 2/3，另一次在移栽后 4～5 周进行，施入 1/3。磷肥在移栽前与农家肥混合施入较好。而钼肥随移栽水施入效果较好。

(三) 栽植密度与留叶数

栽植密度应依照品种、地力、栽培技术、工业要求等因素确定。白肋烟的栽植密度比烤烟的栽植密度略大，尤其是株距比烤烟小。白肋烟的打顶时间一般以大田约有 50%烟株第一朵中心花开放时打顶最好，以留叶 22 ~ 24 片为宜，一般不超过 28 片。打顶要依当地的土壤肥力、施肥多少和当时的烟株长势长相而定，土壤肥力高、施肥多、烟株长势旺盛的，应掌握在盛花期打顶，并稍增加留叶数。反之，应掌握在初花期打顶，并减少留叶数。

## 第二节 晒 烟

晒红烟、晒黄烟同属于地方晒晾烟，它们和晾烟都属于红花烟草种。

### 一、晒红烟

(一) 晒红烟的品质特点

1. 外观特征

晒红烟一般叶片较大、较厚，调制后烟叶呈红褐至紫褐色，油分较充足，弹性好，光泽鲜明。多数晒红烟留叶较少，上部叶片较大，光照充足，故顶部叶片质量较好。

2. 主要化学成分

糖分含量 1% ~ 10%，多数在 1% ~ 5%。总氮含量 2.5% ~ 5%，多数在 3% ~ 4%。烟碱含量 1% ~ 7%，多数在 3% ~ 5%。

3. 吸食质量

晒红烟烟味浓厚，微有杂气，刺激性稍大，劲头大，燃烧时阴燃持火力强。香气较足，可作混合型、雪茄型卷烟的原料。

(二) 晒红烟的主要栽培技术要点

各地晒红烟的主要栽培技术差异较大，其共同的栽培技术有：

1. 多数晒红烟种植在有机质含量高、肥沃的土壤上。

2. 栽植密度较高，多数在 22 500 ~ 37 500 株 / 公顷之间，且种植不起垄，实行一畦双行或多行种植。

3. 施肥量大，且以施用农家肥为主。

4. 打顶较低，留叶数较少，多在 10 ~ 15 片之间，上部叶片较大，多数株形呈伞形。四川毛烟的栽培技术特点是：3 月移栽，种植密度 33 000 ~ 36 000 株 / 公顷，施碳铵 600 ~ 625 千克 / 公顷、麻饼 450 ~ 525 千克 / 公顷、农家肥 2 250 ~ 3 000 千克 / 公顷、磷肥 112. 5 ~ 150 千克 / 公顷、水粪 30 000 千克 / 公顷，分基、追肥施用，现蕾打顶，留叶 8 ~ 10 片。（1 公顷 =15 亩）

## 二、晒黄烟

### （一）晒黄烟的品质特点

1. 外观特征

晒黄烟按色泽可分为淡色晒黄烟和深色晒黄烟两类。淡色晒黄烟颜色金黄至棕黄色，接近于烤烟。深色晒黄烟着色棕黄至浅棕色，介于淡色晒黄烟与晒红烟之间。晒黄烟色泽鲜明或尚鲜明，品质上乘的晒黄烟油分充足，弹性好，一般以腰叶质量最佳。

2. 主要化学成分

晒黄烟的糖分含量在 11.5% ~ 18%之间，深色晒黄烟的糖分含量在 5% ~ 15%之间，多数在 5% ~ 10%之间。淡色晒黄烟的总氮含量在 1.5% ~ 3.5%之间，不同品种的烟碱含量差异较大，一般在 1.29% ~ 5.07%之间，蛋白质含量在 7.83% ~ 16.22%之间。深色晒黄烟的总氮含量在 2.2% ~ 3.64%之间，烟碱含量在 2.26% ~ 5.45%之间，蛋白质含量在 11.11% ~ 16.84%之间。

3. 评吸质量

晒黄烟烟叶的吃味纯净，劲头适中，微有杂气，刺激性稍有，可作烤烟型、混合型和香料型卷烟的原料。四川绵竹晒黄烟可用于混合型卷烟原料。

### （二）晒黄烟的主要栽培技术要点

淡色晒黄烟和深色晒黄烟的栽培特点是：

1. 多数淡色晒黄烟种植在有机质含量较低、较贫瘠的土壤上，而深色晒黄烟则种植在较肥沃的土壤上。

2. 种植密度都较高，在 1 500 ~ 2 500 株 / 亩，多数种植不起垄，实行一畦双行或多行种植。

3. 都以施用农家肥为主，但淡色晒黄烟较深色晒黄烟施肥量少。

4. 淡色晒黄烟留叶数较多，在 18 ~ 20 片之间，而深色晒黄烟一般打顶较低，留叶数较少，在 15 ~ 18 片之间。

四川绵竹的晒黄烟的主要品种为泉烟，移栽时间为 3 月底，种植密度 2 600 ~ 2 800 株 / 亩，基肥以苕子绿肥为主，移栽时用堆肥、油枯和草木灰拌穴，基肥较轻。前期追肥以浇施水粪为主，栽后 40 天追施饼肥和水粪。留叶 10 ~ 12 片。

## 第三节 香料烟

香料烟对环境条件的要求是具有较高的冬春温度。大田生长期最低（1 ~ 2 月）日均温应高于 13℃，成熟采收期日均温高于≥20℃，冬季无霜害。且要有充足的光照，要求日照率在 60%左右。

### 一、香料烟品质特点

（一）外观质量

从外观质量来看，香料烟原烟颜色适中，以橘黄色为主，光泽较鲜明，油分较多，组织结构细密，叶片较薄。

（二）化学特性

香料烟具有总糖、还原糖含量较高，烟碱含量较低，钾离子含量高的特点。优质香料烟主要化学成分的指标和适宜含量如下：

1. 总糖含量一般在 10% ~ 30%，以 16% ~ 20%较适宜。

2. 烟碱含量一般在 1% ~ 1. 5%，以 1%左右较适宜。

3. 还原糖含量一般在 8% ~ 25%之间，以 15%左右较适宜。

4. 总氮含量一般在 1% ~ 3%之间，以 2%左右较适宜。

5. 蛋白质含量一般在 10% ~ 12%之间，以 10%左右较适宜。

6. 氯离子含量一般在 1%以下，以 0. 5%左右较适宜。

7. 糖碱比一般在 20 ~ 50 之间，以 30 左右较适宜。

8. 氮碱比一般在 2 ~ 5 之间，以 2 ~ 3 较为适宜。

9. 钾（钾≥2%）氯比一般在 4 以上。

（三）感官评吸特点

香料烟烟气呈酸性，吃味回甜，这是香料烟感官评吸的明显特点。另外，香料烟生理强度较小，刺激性较轻，燃烧性好，灰分较白。

### 二、香料烟栽培技术要点

（一）培育壮苗

1. 壮苗标准

苗高 10 ~ 12 厘米，茎秆粗壮坚挺，韧性好（环绕手指不断裂），叶片厚实。

2. 节令

（1）育苗节令。10 月 15 日 ~ 25 日为最佳育苗节令。

（2）移栽节令。12 月 5 日 ~ 25 日为最佳移栽节令。

3. 培育壮苗

（1）壮苗标准。苗龄 50 ~ 60 天，苗高 10 ~ 13 厘米，烟茎不易折断。

（2）苗床面积。30 平方米，选择背风、向阳、近水源，前作为水稻、玉米的稻田、旱地。因地制宜采用拱式薄膜育苗。

（3）苗床地浇两次水。播种前浇透一次水，播后盖上覆盖物再浇透一次水。苗床期做到勤浇水，看苗适时追肥，及时防治病、虫、草害。杂草多的地方使用除草剂，坚持控水和掐叶炼苗。

（二）栽培密度

亩栽 1.6 万 ~ 1.8 万株。

（三）施肥

肥水是决定香料烟产量和品质的关键因素之一。施肥要点：按生产优质烟的要求配施氮、磷、钾；按香料烟生长规律配放长、中、短效肥料；早施追肥。

1. 农家肥

一般根据地力情况，亩施腐熟农家肥 500 千克。

2. 化学肥料（中、短效肥）

主要使用复合肥、磷肥、钾肥，并配施锌肥、硼肥。施纯氮 2. 5 ~ 3. 5 千克 /亩。普通过磷酸钙 20 千克，硫酸钾 10 千克，锌肥、硼肥各 1 千克。

（四）田间管理

香料烟田间管理的重点是保证全苗，合理调控水、肥，防止烟苗徒长，加强病虫害的综合治理。

（五）病虫害综合治理

农药残留是客户考评烟叶内在质量的一项重要指标。对病害可以采取相应的防治（定期使用三唑酮等）措施，而对虫害必须采取综合治理，有效地降低农药使用量并降低农药残留风险。香料烟的病虫害主要有花叶病和白粉病。虫害主要有蚜虫、棉铃虫、烟青虫等，持续干旱时段蚜虫最突出。香料烟病虫害的施药要在技术员指导下进行，严禁使用甲胺磷、氧化乐果、敌敌畏、滴滴涕、敌百虫、铁灭克、杀虫脒和一切有机磷等剧毒、高毒、高残留违禁农药。

（六）烟叶采收与调制

1. 采摘成熟标准

叶片微黄含青，叶尖黄而不枯，烟株分层采摘。采烟时间为上午 12 点前。

2. 调制

(1) 凋萎变黄期。根据烟叶变黄程度，合理调控棚内温、湿度，棚内温度控制在 40℃以内，湿度控制在 80%以内，70%以上叶串变黄凋萎，可转为定色晒制期。其变黄时间标准：

下部叶：凋萎时间一般为 3～4 天；

中部叶：凋萎时间一般为 4～5 天；

上部叶：凋萎时间一般为 6～7 天。

(2) 定色晒制期。转入定色晒制后，两头打开通风排湿。如棚内地湿太大，可采用薄膜盖地隔湿。调制时间一般为 15～18 天。

(3) 烟叶堆捂。选择在晴天、避风、避光、避雨、干燥的地方，按部位推捂烟叶。堆捂时要注意不能堆捂水分重的烟叶。

(七) 分级打包

按照等级标准，部位分级打包，水分控制在 14%～15%（手感握起能自然伸开）。包重 10 千克左右，包内叶片整齐，较疏松可透气，外观整齐，严禁掺杂使假。

杜绝砍采、田烟灌水，严禁塑料和化纤制品穿烟和混进烟堆、烟包里。杜绝非烟草杂质。

## 第四节 雪茄烟

### 一、雪茄烟的质量特点

(一) 外包皮烟叶

叶片大小适中，叶形较宽，叶脉要尽可能细，叶片薄且完整度好，组织细柔，颜色均匀，弹性好，拉力强，燃烧均匀。而对香气、吃味并无特殊要求，以不影响雪茄烟芯的香气、吃味为好。

(二) 内包皮烟叶

与外包皮烟要求差异不大，凡不适于用作外包皮，又不宜用作芯烟的烟叶都可以用作内包皮烟叶。内包皮叶片可较外皮烟稍厚，但要求厚薄适中，叶脉细而不突出，弹性更强，对颜色深浅无特殊要求。内包皮烟占烟支重量 15%左右，必须具有雪茄烟的香气和吃味，以及良好的燃烧性。

（三）芯叶烟叶

占烟支重量的75%左右，对雪茄烟的质量起决定性作用。因此，芯烟必须具有典型的雪茄烟香气和良好的吃味，颜色均匀有光泽，填充性、燃烧性好，灰白紧卷。

我国晒晾烟资源丰富，四川省种植的晾晒烟具有特殊的雪茄香型和吃味，如什邡毛烟、新都柳叶都是上等芯烟原料，毛料又是优良的内包皮烟，柳烟因叶窄只能择片作小雪茄包皮。

## 二、雪茄烟栽培技术要点

1. 种植密度

雪茄外包皮烟的密度较高，多数为 1 466 ~ 2 000 株 / 亩，行株距为 50 ~ 110 厘米 × 20 ~ 45 厘米，采取宽窄行或等行距种植。雪茄芯叶烟的密度在 1 066 ~ 2 000 株 / 亩范围内。

2. 施肥

雪茄外包皮烟施肥种类与其他烟草类型相似，其吸肥量、施肥量因气候、土壤、品种及管理措施等不同而差异较大。据国外研究报道，每生产 100 千克雪茄外包皮干烟叶需吸收氮 5. 74 ~ 5. 88 千克、磷（$P_2O$）0. 27 ~ 0. 30 千克、钾（$K_2O$）8.15 ~ 8.61 千克。因此雪茄包叶烟吸收氮、钾较多，对磷的吸收相对较少。

3. 遮荫

雪茄烟采用遮荫栽培，以减少阳光的照射，同时提高田间相对湿度。我国浙江桐乡在移栽后 13 天就开始采用布棚遮荫，以提高田间相对湿度。

4. 田间管理

（1）灌水。灌水是遮荫栽培雪茄外包皮烟所必需的。在湿润以及光照不足的环境中，土壤湿度保持在田间最大持水量的 60%以上，能生产出较大、较好的外包皮烟。

（2）打顶和抹杈。遮荫雪茄外包皮烟通常是打去花序，留叶数 18 ~ 24 片。雪茄芯叶烟打顶较早、较低，留叶数 12 ~ 18 片。

第十五章

# 现代烟草农业生产组织方式探索与实践

按照国家烟草专卖局发展现代烟草农业“一基四化”的要求，四川省在近两年的现代烟草农业试点建设中，积极推动传统烟叶生产方式转变，发展现代烟草农业生产组织模式，烟叶生产进行专业化分工、社会化服务方式探索，按照“两头工厂化，中间专业化”模式生产流程集成优化，逐步实现烟叶生产“建工、降本、提质、增效”目标。

## 一、推进烟叶生产组织方式转变的重要意义

目前四川省烟叶生产组织模式仍然是以家庭为单位的分散种植经营方式。经营形式、种植水平及烟叶质量参差不齐，难以实现规模化、集约化经营和专业化、标准化生产，难以建立统一的烟叶生产质量保证体系，无法满足卷烟工业对烟叶原料等级结构、数量和质量的规模需求。因此，要改变这个现状，就必须打破烟叶分散零星种植的模式，破解千家万户小生产与现代化烟叶大生产之间的矛盾，推进烟叶生产组织方式向“规模化种植、集约化经营、专业化分工、信息化管理”模式转变，积极发展现代烟叶生产组织模式。

## 二、现代烟叶生产组织方式简介

近两年来，四川省在现代烟草农业试点建设中广泛进行了各种现代烟草农业生产组织模式探索。各试点按照“村委会牵头、农民自愿、专业户承包、政府和烟草行业支持”的原则，积极推行土地流转政策，通过集约土地、资金、技术、劳动力、机械等生产要素，提高了劳动生产力和土地生产力，有效地促进了烟叶规模化种植，提高了户均种植面积，10 个试点的户均种植面积达到 21.94 亩。探索先进的生产组织模式，发展了多种形式的适度规模经营，进行了专业化合作社、“公司+村委会+村民”、“公司+互助组(烟农协会)+烟农”、“公司+职业烟农”等生产组织模式的探索。如会理县在不改变农村土地性质的前提下，坚持依法、自愿、

有偿的原则，将海溪村 1、2、3 组 324 户集中连片的 1 035 亩土地使用权进行了流转，成立了会理县海溪现代烟草农业股份有限责任公司，减少了投入，提高了生产力，亩收入达到 2349. 8 元，比试点中其他片区亩收入 2 300. 74 元高出 49 元，公司分红 11.96 万元。会理县还进行了散烟就地收购探索，每亩用工由 1.5 减少到 1 个，节约用工 0. 5 个；攀枝花晃桥村、普格县马厂坪村以村委会为主体，承包烟农土地集中用于烟叶生产。村委会组织烟农以土地入股的方式调整出成片土地，集中安排烤烟及其附属农作物种植，烟农由村委会组织在烟地上打工，获取劳务报酬，所有产出扣除成本后按股份进行分红；会东县推行大户承包组织模式，试点区 3 500 亩烟地全部由 22 户种烟大户承包，户均种植面积达到 159.09 亩；泸州试点区有 53 个大户种植，户均种植面积均在 50 亩以上；德昌大坝村和西昌鹿鹤村实行“返租到包、大户种植”的生产组织形式；冕宁横路村由村民委员组织村民，在自愿的基础上，按“民办、民管、民受益”的原则组建烟叶生产专业合作社。试点村土地流转实行“三优先一扶持”政策，同等条件下土地使用权优先向懂技术、会管理的大户流转、新开垦宜烟耕地优先由大户承包、烟叶生产合同优先与大户签订，对年承包种植 20 亩以上的烟农给予适当扶持，无偿提供烟苗，优先安排密集式烤房建设、农机补贴等，从政策上引导，发展大户种植，提高烟叶生产规模。试点村全部实现 1 000 亩以上连片种植。专业化分工是全面提高烟叶生产技术和管理水平的重要途径。专业化分工、社会化服务是实现烟叶生产“减工降本、提质增效”的重要途径，也是现代农业的重要特征。四川省力图通过创新生产组织形式来促进专业分工。在探索企业经营、成立烟农互助协会及组建烤烟专业合作社的基础上，出台政策扶持，包括物资补贴、购机补贴等，在减工、降本的重点环节同时也是适于推进社会化服务的环节建立专业化队伍，提高社会化服务水平。重点组织发展育苗、机耕、植保、烘烤、运输专业队(户)。专业化育苗在全省已经很成熟，试点区 100%实现了集约化、商品化漂浮育苗。目前的重点在于摸索专业机耕、专业烘烤和专业植保的运作机制。2008 年各试点将尝试通过村委会或专合组织牵头，组织有偿机耕作业，引导专业化机耕队伍联区跨区作业，整合农业和行业植保人员，建立专业植保服务队，对 50 亩以上的集中连片区进行统防统治。2008 年四川省试点区耕翻整地面积 9 695.2 亩，占 94.31%，机械化起垄面积 9 695.2 万亩，占94.31%，机械化植保统防统治面积 10 280 万亩，占 100%，密集化烘烤能力 12 210 万亩。目前各种专业队伍的组织运作、利益保障、机械权属、养护等还有待逐步完善，将通过 2~3 年的摸索形成一套切合实际、可操作性强、有推广和指导意义的模式。

# 附 件

## 一、××乡烤烟专业合作社章程

### （试行）

（______年_____月_____日召开设立大会，由全体设立人一致通过。）

### 第一章 总 则

第一条 为保护社员的合法权益，增加社员收入，促进本社烤烟生产发展，依照《中华人民共和国农民专业合作社法》和有关法律、法规、政策，制定本章程。

第二条 本社由______等______人发起，于______年______月______日召开设立大会。

本社名称：烤烟专业 合作社，社员出资总额______元。

本社法定代表人：______（注：社长姓名）。

本社住所：____________，邮政编码：__________。

**第三条** 本社以服务社员、谋求全体社员的共同利益为宗旨。社员入社自愿，退社自由，地位平等，民主管理，实行自主经营，自负盈亏，利益共享，风险共担，盈余主要按照社员出资额进行分配。

**第四条** 本社以社员为主要服务对象，主要业务范围如下：宣传烤烟生产政策，落实烤烟生产计划、签订烤烟种植合同，组织烤烟生产以及烟用物资的采购和供应，开展技术培训、技术交流和咨询服务，组织烟叶交售，开展烟基工程建设等。

**第五条** 本社对由社员出资、公积金、国家财政及部门直接补助、他人捐赠以及合法取得的其他资产所形成的财产，享有占有、使用和处分的权利，并以上述财产对债务承担责任。

**第六条** 本社每年提取的公积金，按照社员出资额，依比例量化为每个社员所有的份额。由国家财政及部门直接补助、他人捐赠形成的财产平均量化为每个社员的份额，作为可分配盈余分配的依据之一。

本社为每个社员设立个人账户，主要记载该社员的出资额、量化为该社员的公积金份额。

本社社员以其个人账户内记载的出资额和公积金份额为限对本社承担责任。

**第七条** 经社员大会讨论通过，本社向政府有关部门申请或者接受政府有关部门委托，组织实施国家支持发展烤烟生产的建设项目；按决定的数额和方式参加社会公益捐赠。

**第八条** 本社及全体社员遵守社会公德和商业道德，依法开展烤烟生产活动。

## 第二章 成 员

**第九条** 具有民事行为能力的公民，有烤烟生产所需劳动力，有一定烤烟生产技术，科技意识较强，愿意按章程要求种植烤烟，种植面积 4 亩以上的烟农，能够利用并接受本社提供的服务，承认并遵守本章程，履行本章程规定的入社手续的，可申请成为本社社员。本社吸收从事烤烟生产活动的社会团体为团体社员。具有管理公共事务职能的单位不得加入本社。本社社员中，农民社员至少占社员总数的80%。

**第十条** 凡符合前条规定，向本社社长提交书面入社申请，经社员大会审核并讨论通过者，即成为本社社员。

**第十一条** 本社社员的权利：

（一）参加社员大会，并享有表决权、选举权和被选举权。

（二）利用本社提供的烤烟生产服务和烤烟生产经营设施。

（三）按照本章程规定或者社员大会决议分享本社盈余。

（四）查阅本社章程、社员名册、社员大会记录及决议、财务会计报告和会计账簿。

（五）对本社的工作提出质询、批评和建议。

（六）提议召开临时社员大会。

（七）自由提出退社声明，依照本章程规定退出本社。

（八）社员共同议决的其他权利。

**第十二条** 本社社员大会选举和表决，实行一人一票制，社员各享有一票基本表决权。

出资额占本社社员出资总额 20%以上的社员，在本社事项决策方面，最多享有二票的附加表决权（注：附加表决权总票数，依法不得超过本社社员基本表决权总票数的 20%）。享有附加表决权的社员及其享有的附加表决权数，在每次社员大会召开时告知出席会议的社员。

**第十三条** 本社社员的义务：

（一）遵守本社章程和各项规章制度，执行社员大会的决议。

(二）按照章程规定向本社出资。

(三）积极参加本社各项业务活动，接受本社提供的技术指导，按照本社规定的质量标准和生产技术规程从事烤烟生产，履行与本社签订的业务合同，发扬互助协作精神，谋求共同发展。

(四）维护本社利益，爱护生产经营设施，保护本社社员共有财产。

(五）不从事损害本社社员共同利益的活动。

(六）不得以其对本社或者本社其他社员所拥有的债权，抵消已认购或已认购但尚未缴清的出资额；不得以已缴纳的出资额，抵消其对本社或者本社其他社员的债务。

(七）承担本社的亏损。

(八）社员共同议决的其他义务。

**第十四条** 社员有下列情形之一的，终止其社员资格。

(一）主动要求退社的。

(二）烤烟种植面积低于4亩的。

(三）丧失民事行为能力的，或无烤烟种植劳动力的。

(四）死亡的。

(五）团体社员所属企业或组织破产、解散的。

(六）被本社除名的。

**第十五条** 社员要求退社的，须在会计年度终了的2个月前向合作社提出书面声明，方可办理退社手续；其中，团体社员退社的，须在会计年度终了的3个月前提出。退社社员的社员资格于该会计年度结束时终止。资格终止的社员须分摊资格终止前本社的亏损及债务。

社员资格终止的，在该会计年度决算后2个月内，退还记载在该社员账户内的出资额和公积金份额。如本社经营盈余，按照本章程规定返还其相应的盈余所得；如经营亏损，扣除其应分摊的亏损金额。

社员在其资格终止前与本社已订立的业务合同应当继续履行（也可以依照退社时与本社的约定确定）。

**第十六条** 社员死亡的，其法定继承人符合法律及本章程规定的条件的，在2个月内提出入社申请，经社员大会讨论通过后办理入社手续，并继承被继承人与本社的债权债务。否则，按照第十五条的规定办理退社手续。

**第十七条** 社员有下列情形之一的，经社员大会讨论通过予以除名：

(一）不履行社员义务，经教育无效的。

（二）给本社名誉或者利益带来严重损害的。

（三）社员共同议决的其他情形。

本社对被除名社员，退还记载在该社员账户内的出资额和公积金份额，结清其应承担的债务，返还其相应的盈余所得。因前款第二项被除名的，须对本社作出相应赔偿。

## 第三章 组织机构

**第十八条** 社员大会是本社的最高权力机构，由全体社员组成。

社员大会行使下列职权：

（一）审议、修改本社章程和各项规章制度。

（二）选举和罢免社长。

（三）决定社员入社、退社、继承、除名、奖励、处分等事项。

（四）决定社员出资标准及增加或者减少出资。

（五）审议本社的烤烟发展规划。

（六）审议批准年度财务预算和决算方案。

（七）审议批准年度盈余分配方案和亏损处理方案。

（八）审议批准年度业务报告。

（九）决定重大财产处置、对外投资、对外担保和烤烟生产经营活动中的其他重大事项。

（十）对合并、分立、解散、清算和对外联合等作出决议。

（十一）决定聘用经营管理人员和专业技术人员的数量、资格、报酬和任期。

（十二）听取社长关于社员变动情况的报告。

（十三）决定其他重大事项。

**第十九条** 本社每年至少召开 2 次社员大会，社员大会由 ＿＿＿＿＿ 社长负责召集，并提前十五日向全体社员通报会议内容。

**第二十条** 有下列情形之一的，本社在 20 日内召开临时社员大会：

（一）30%以上的社员提议。

（二）社长提议。

（三）需社员共同议决的其他情形。

社长不能履行或者在规定期限内没有正当理由不履行职责召集临时社员大会的，由村委会和烟草公司在 30 日内召集并主持临时社员大会。

**第二十一条** 社员大会须有本社社员总数的 2/3 以上出席方可召开。社员因故不能参加社员大会，可以书面委托其他社员代理。1 名社员最多只能代理 3 名社员表决。

社员大会选举或者做出决议，须经本社社员表决权总数过半数通过；对修改本社章程，改变社员出资标准，增加或者减少社员出资，合并、分立、解散、清算和对外联合等重大事项做出决议的，须经社员表决权总数 2/3 以上的票数通过。社员代表大会的代表以其受社员书面委托的意见及表决权数，在社员代表大会上行使表决权。

**第二十二条** 本社设社长 1 名，为本社的法定代表人。社长任期 1 年，可连选连任。

社长行使下列职权：

（一）主持社员大会并报告工作。

（二）签署本社社员出资证明。

（三）制订本社发展规划、内部管理规章制度等，提交社员大会审议；组织实施社员大会决议，检查决议实施情况。

（四）组织开展社员培训和各种协作活动。

（五）接受、答复、处理社员提出的有关质询和建议。

（六）办理社员入社、退社、继承、除名、奖励、处分等事项。

（七）管理本社的资产和财务，保障本社的财产安全；签署聘任或者解聘本社财务会计人员和其他专业技术人员聘书；制订年度财务预决算、盈余分配和亏损弥补等方案，提交社员大会审议。

（八）代表本社签订合同等。

（九）提议召开临时社员大会。

（十）履行社员大会授予的其他职权。

**第二十三条** 本社社长和管理人员不得有下列行为：

（一）侵占、挪用或者私分本社资产。

（二）违反章程规定或者未经社员大会同意，将本社资金借贷给他人或者以本社资产为他人提供担保。

（三）接受他人与本社交易的佣金归为己有。

（四）从事损害本社经济利益的其他活动。

（五）兼任业务性质相同的其他专业合作社的社长或理事长、理事、监事、经理。

凡违反前款第（一）项至第（四）项规定所得的收入，归本社所有；给本社造成损失的，须承担赔偿责任。

## 第四章 财务管理

**第二十四条** 本社实行独立的财务管理和会计核算，严格按照国务院财政部门制定的农民专业合作社财务制度、会计制度核定生产经营和管理服务过程中的成本与费用。

**第二十五条** 本社依照有关法律、行政法规和政府有关主管部门的规定，建立健全财务、会计制度，实行每季度第一月第一周财务定期公开制度。

**第二十六条** 成员与本社的所有业务交易，实名记载于各该成员的个人账户中，作为按交易量（额）进行可分配盈余返还分配的依据。利用本社提供服务的非成员与本社的所有业务交易，实行单独记账，分别核算。

**第二十七条** 会计年度终了时，由社长按照本章程规定，组织编制本社年度业务报告、盈余分配方案、亏损处理方案以及财务会计报告，于社员大会召开15日前，置备于办公地点，供社员查阅并接受社员的质询。

**第二十八条** 本社资金来源包括以下几项：

（一）社员出资。

（二）每个会计年度从盈余中提取的公积金、公益金。

（三）未分配收益。

（四）国家或行业扶持补助资金。

（五）他人捐赠款。

（六）其他资金。

**第二十九条** 本社社员只能用烤烟种植土地出资，不得以其他实物、信用、自然人姓名、商誉、特许经营权或者设定担保的财产等作价出资。

社员的出资额以及出资总额以人民币表示。社员出资额之和为社员出资总额。

社员的出资方式、出资额如下：

姓名：__________。出资方式：土地。出资额：_________万元。（注：一亩土地折合__________万元人民币）

**第三十条** 经社长审核，社员大会讨论通过，社员出资可以转让给本社其他社员。

**第三十一条** 为实现本社及全体社员的发展目标需要调整社员出资时，经社员大会讨论通过，形成决议，每个社员须按照社员大会决议的方式和金额调整社员出资。

**第三十二条** 本社向社员颁发社员证书，并载明社员的出资额。社员证书加盖本社和社长印鉴。

**第三十三条** 本社接受的国家财政或行业直接补助和他人捐赠，按本章程规定的方法确定的金额入账，作为本社的资金（产），按照规定用途和捐赠者意愿用于本社的发展。在解散、破产清算时，由国家财政或其他行业直接补助形成的财产，不得作为可分配剩余资产分配给社员，处置办法按照国家或行业有关规定执行；接受他人的捐赠，与捐赠者另有约定的，按约定办法处置。

**第三十四条** 本社接受烟草行业的考核和奖励补助金，其奖励补助金的60%作为社长工资补助，40%作为本社集体资金。

（一）本社接受烟草公司对本社烟叶合同签订、面积落实、种植布局、烤房建设、组织烟用物资的供应、组织集约式交烟、生产扶持费兑现等内容的考核。

（二）烟草公司按前期预付和烟叶收购工作结束后结算的方式支付本社补助和奖金，具体办法如下：

1. 合作社补助和奖励总资金计算公式为：

实得总金额 = 烟叶担数 × 考核分数 /100 × 10 元 / 担

2. 合作社年底实得补助和奖金计算公式为：

合作社年终实得补助和奖金 = 实得总金额 × 40%

3. 合作社社长每月预付工资计算公式为：

$$社长月工资 = 烟叶担数 \times 10 元 / 担 \times 60\% \times 30\% \times \frac{1}{12}$$

4. 合作社社长年底奖金计算公式为：

社长年终奖金 = 实得总金额—社长月工资 × 12– 合作社年终实得补助和奖金

**第三十五条** 当年扣除生产经营和管理服务成本，弥补亏损后的可分配盈余，经社员大会决议，按照下列顺序分配：

（一）按社员出资额比例返还，返还总额不低于可分配盈余的80%。

（二）按前项规定返还后的剩余部分，以社员账户中记载的出资额和公积金份额，以及本社接受国家财政或其他行业直接补助和他人捐赠形成的财产平均量化到社员的份额，按比例分配给本社社员，并记载在社员个人账户中。

**第三十六条** 本社如有亏损，经社员大会讨论通过，可以用以后年度盈余弥补。

本社的债务用本社盈余清偿，不足部分依照社员个人账户中记载的财产份额，按比例分担，但不超过社员账户中记载的出资额。

**第三十七条** 根据社员大会的决定，本社委托县审计部门对本社财务进行年度审计、专项审计和换届、离任审计。

## 第五章　合并、分立、解散和清算

**第三十八条**　本社与他社合并，须经社员大会决议，自合并决议作出之日起 10 日内通知债权人。合并后的债权、债务由合并后存续或者新设的组织承继。

**第三十九条**　经社员大会决议分立时，本社的财产作相应分割，并自分立决议作出之日起 10 日内通知债权人。分立前的债务由分立后的组织承担连带责任。但是，在分立前与债权人就债务清偿达成的书面协议另有约定的除外。

**第四十条**　本社有下列情形之一，经社员大会决议，报登记机关核准后解散：

（一）本社社员人数少于 5 户或种植烤烟面积低于 50 亩。

（二）社员大会决议解散。

（三）本社分立或者与其他农民专业合作社合并后需要解散。

（四）因不可抗力因素致使本社无法继续经营。

（五）依法被吊销营业执照或者被撤销。

（六）社员共同议决的其他情形。

**第四十一条**　本社因前条第一项、第二项、第四项、第五项、第六项情形解散的，在解散情形发生之日起 15 日内，由社员大会推举 3 名社员组成清算组接管本社，开始解散清算。逾期未能组成清算组的，社员、债权人可以向人民法院申请指定社员组成清算组进行清算。

**第四十二条**　清算组负责处理与清算有关未了结业务，清理本社的财产和债权、债务，制定清偿方案，分配清偿债务后的剩余财产，代表本社参与诉讼、仲裁或者其他法律程序，并在清算结束后 30 日内向社员公布清算情况，向原登记机关办理注销登记。

**第四十三条**　清算组自成立起 10 日内通知社员和债权人，并于 60 日内在报纸上公告。

**第四十四条**　本社财产优先支付清算费用和共益债务后，按下列顺序清偿：

（一）与农民社员已发生交易所欠款项。

（二）所欠员工的工资及社会保险费用。

（三）所欠税款。

（四）所欠其他债务。

（五）归还社员出资。

（六）按清算方案分配剩余财产。

清算方案须经社员大会通过或者申请人民法院确认后实施。本社财产不足以清偿债务时，依法向人民法院申请破产。

### 第六章 附 则

**第四十五条** 本社需要向社员公告的事项，采取会议或政务公开栏公示方式发布，需要向社会公告的事项，采取电视公告或登报公告方式发布。

**第四十六条** 本章程由设立大会表决通过，全体设立人签字后生效。

**第四十七条** 修改本章程，须经半数以上社员提出，社长负责修订，社员大会讨论通过后实施。修改章程未涉及登记事项的，应当自做出修改决定之日起30日内，将法定代表人签署的修改后的章程或者章程修正案报送登记机关备案。

**第四十八条** 本章程由本社社长或社员大会负责解释。

全体设立人签名、盖章。

## 二、××乡烟农互助组实施细则

**(试行)**

### 第一章 总则

**第一条** 为了推进传统烟草生产模式向现代烟草农业转变，规范烟叶生产秩序，降低劳动成本，增加农民收入，保持烟叶生产可持续发展，积极推动社会主义新农村建设，特制定本实施细则。

**第二条** 本实施细则适用于米易县晃桥村现代烟草农业示范区内的烟农互助组。

其他地区的烟农互助组可参照执行。

**第三条** 烟农互助组一般由几户或十几户种烟农在自愿互利的基础上建立起来，组员的土地、耕畜、农具等生产资料和农产品仍为私有，各自独立经营；组员之间在劳动力、畜力、农具等方面实行换工互助，达到减工降本增效的目的。

### 第二章 烟农互助组的成立

**第四条** 烟农互助组按照“自愿、互利、就近”的原则由种烟农户自发组成。

**第五条** 烟农互助组成员必须为种烟农户。

**第六条** 烟农互助组成员数目必须达到5户或5户以上，种植面积必须在50亩以上。

**第七条** 烟农互助组的成立必须经过以下申报审批程序：

(一) 申请互助组发起人须向烟草公司提交书面申请。

(二) 提出书面申请时间为每年签订《烟叶种植合同》后1月内。

（三）申请的基础资料一式两份，烟草公司和申请人各自存档一份，内容包括申请报告、成员名单、成员烟叶种植情况、发起人简历及所在村社。

（四）由村委、乡镇、烟草公司和项目组组成烟农互助组考察小组，负责对申请资料进行审核，并表决其是否通过。

（五）烟农互助组认定结果出来后需张榜公示。

（六）烟草公司负责对通过认定的烟农互助组进行登记注册。

**第八条** 对已成立的烟农互助组，每年考察一次，考察合格后予以重新登记注册，对考察不合格的烟农互助组限期整顿或予以解散。

**第九条** 烟农互助组组长的产生：

（一）烟农互助组组长由成员民主推选产生。

（二）烟农互助组组长须具备以下条件：两年以上种烟经历，烟叶种植技术好，经验丰富，能代表组内最高生产水平；组织管理能力强，在组内威信较高。

（三）烟农互助组组长须服从烟草公司管理，接受烟农和村委会、乡政府的监督。

（四）组长任期一年，可连选连任。

（五）烟农互助组组长确定后须报烟草公司登记。

## 第三章 烟农互助组的实施

**第十条** 烟农互助组的组长组织成员进行烟叶育苗、移栽、物资购买、病虫害防治、中耕培土、施肥、打顶抹杈、烘烤、分级扎把、预检预验和交售等烟叶生产和管理工作。

**第十一条** 在育苗、移栽等生产措施上做到统一技术标准。

**第十二条** 烟农互助组内成员的畜力、农机具、基础设施和烤房等生产资料通过协商可互帮互助。

**第十三条** 在育苗移栽、成熟采收和烟叶烘烤等农忙季节，互助组内成员可根据“谁最急先帮谁”的原则互相帮助。

**第十四条** 采烟、编烟、装烟由烟农在技术人员指导下自行操作。烘烤时，也可组成烘烤队，每户烟农抽 1 人，分成 3 班或 4 班，实行轮流值班烘烤。

**第十五条** 烟叶烘烤好后，由互助组组长和烟技员指导烟农进行分级扎把、预检预验。

**第十六条** 互助组成员严格按照收购秩序交售烟叶。

**第十七条** 在统一指导下对烟叶的前茬或后茬作物进行种植，以便形成规模化种植和集约化经营，搞好循环经济，提高农民收益。

**第十八条** 由互助组组长组织成员进行技术培训、相关政策法规与优惠政策的宣传学习和其他文化娱乐活动。

**第十九条** 烟草公司根据互助组交售烟叶数量和考核结果给予烟农互助组组长工资和奖励金。

(一) 烟草公司按相关规定对互助组组长进行综合考核，考核内容包括烟叶合同签订、面积落实、种植布局、烤房建设、组织烟用物资的供应、组织集约式交烟、生产扶持费兑现等内容。

(二) 烟草公司按前期预付和烟叶收购工作结束后结算的方式支付烟农互助组组长工资和奖励金。具体办法如下：

1. 烟农互助组组长工资和奖励金计算公式为：

实得总金额 = 烟叶担数 × 考核分数 /100 × 7 元 / 担

2. 互助组组长每月工资计算公式为：

$$月工资 = 烟叶担数 \times 7\ 元 / 担 \times 30\% \times \frac{1}{12}$$

3. 互助组组长年底奖金计算公式为：

年终奖金 = 实得总金额 − 月工资 × 12

## 第四章 烟农互助组的权利

**第二十条** 烟农互助组成员可自由参加其他烟叶生产专业化队伍，如专业育苗队、专业机耕队、专业植保队、专业烘烤队和防雹队等。

**第二十一条** 对所辖烟区范围内的烟叶生产基础设施享有使用和管护权。

**第二十二条** 互助组成员有权向烟草公司申请成为职业化烟农。

**第二十三条** 互助组成员有权享受其他烟农所享受的政策和福利待遇。

**第二十四条** 互助组成员有权退出烟农互助组。

**第二十五条** 其他应享有的权利。

## 第五章 烟农互助组的义务

**第二十六条** 遵守在烟叶生产发展中制定的相关政策，遵守国家法律法规。

**第二十七条** 严格遵守烤烟种植合同。

**第二十八条** 在烟叶交售过程中遵守烟叶收购秩序。

**第二十九条** 烟农互助组组长的义务：

(一) 认真组织组内成员进行烟叶生产、烘烤和交售工作。

(二) 在烟技员指导下搞好预检预验工作。

(三) 对组内成员作好技术指导工作。

(四) 认真组织组内成员进行技术培训、相关政策法规与政策的宣传学习和其他文化娱乐活动。

（五）在农忙季节做好组织协调劳动力工作。

**第三十条** 不得以烟农互助组的名义从事有损国家和集体利益的活动。

**第三十一条** 其他应尽义务。

### 第六章 附则

**第三十二条** 本实施细则由烟草公司编制，解释权、修改权归烟草公司。

**第三十三条** 本实施细则自公布之日起生效。

## 三、××乡职业化烟农实施细则

**（试行）**

### 第一章 总则

**第一条** 为推进传统烟草生产模式向现代烟草农业转变，扩大烟叶生产规模，稳定烟农队伍，保持烟叶生产可持续发展，积极推动社会主义新农村建设，特制定本实施细则。

**第二条** 本实施细则适用于××县××村现代烟草农业示范区内的职业化烟农。

其他地区的职业化烟农可参照执行。

**第三条** 职业化烟农要求素质相对较高、烟叶技术较好、以种植烟叶收入为主要收入的烟农。

**第四条** 相对于一般烟农而言，职业化烟农具有以下特点。

（一）常年种植烟叶。

（二）年种烟面积20亩以上。

（三）具有一定的烤烟生产技术，勤于学习，易于接受新的烟叶生产和烘烤技术等知识。

（四）以烟叶生产的经济效益作为家庭收入的主要来源。

### 第二章 职业化烟农资格认定

**第五条** 职业化烟农需由烟农本人向烟草公司提出书面申请。

**第六条** 职业化烟农必须同时具备以下条件：

（一）申请人身体健康，遵纪守法，年龄18周岁以上50周岁以下。

（二）申请人人均年种植烟叶面积10亩以上。

（三）常年种植烟叶，不得间断。

（四）烟叶生产的经济效益为家庭收入的主要经济来源。

（五）具有一定的烟叶生产和烘烤技术。

（六）能积极配合村委会、乡政府、烟草公司开展烟叶生产相关工作。

（七）自愿接受烟叶生产技术员的技术指导工作，严格按照技术方案做好育苗、移栽、大田管理、烘烤、分级扎把等烤烟生产相关工作。

（八）讲诚信，能够严格遵守烤烟种植合同。

（九）在烟叶收购过程中能够自觉维护收购秩序。

（十）按照《烟叶生产基础设施建设项目管护协议》要求，认真做好基础设施项目的日常管护工作。

**第七条** 职业化烟农的认定必须经过以下审批程序：

（一）经村委会和乡政府同意，报经县烟草营销中心审核，形成审核意见上报市烟草公司。

（二）经市烟草公司批准后，将评定结果张榜公示，公示期为10天，如公示期内无人提出异议，通过审定的烟农可成为职业化烟农。

## 第三章 职业化烟农的管理

**第八条** 正式成为职业化烟农后，由烟草公司颁发《职业化烟农资格证书》。

**第九条** 职业化烟农须接受烟草公司的管理、乡政府、村委会和其他烟农的监督。

**第十条** 职业化烟农享受由烟草公司提供的农村社会养老保险补贴政策：

（一）烟农获得“职业化烟农资格证书”当年，便可享受由烟草公司提供养老保险金补贴；具体补贴金额和补贴办法按烟草公司相关政策执行。

（二）“职业化烟农资格一旦被取消”，便自动停止享受由烟草公司提供的农村社会养老保险补贴政策。

**第十一条** 有以下情形之一者，终止职业化烟农资格：

（一）主动要求取消职业化烟农资格的。

（二）人均年种植烟叶面积低于10亩的。

（三）不遵守烟叶生产相关制度和收购秩序，情节严重的（如发生打架斗殴等）。

（四）故意破坏烟叶生产基础设施的。

（五）被判处有期徒刑的。

（六）丧失民事行为能力的。

（七）死亡者。

（八）国家或省烟草专卖局政策发生重大变化，不允许继续执行时，或因不可抗拒力量无法继续执行时。

**第十二条** 因职业化烟农死亡或不可抗力因素等造成职业化烟农不能继续享受相关政策时，其合法继承人可向烟草公司申请继承其职业化烟农资格。

## 第四章 职业化烟农的权利

**第十三条** 具有优先加入其他烟叶生产组织的权利，如烟农互助组、烤烟专业合作社、专业育苗队、专业机耕队、专业植保队、专业烘烤队和防雹队等。

**第十四条** 对经营烟区范围内的烟叶生产基础设施享有优先使用和管护权。

**第十五条** 对烟草行业的相关政策和信息享有知情权。

**第十六条** 优先享受烟草行业提供的技术推广服务。

**第十七条** 在生产或烘烤中遇到技术难题时，享有向烟草公司寻求技术帮助的权利。

**第十八条** 享受由烟草公司提供的农村社会养老保险补贴政策。

**第十九条** 自由退出职业化烟农权利。

**第二十条** 其他烟草公司给予的权利。

## 第五章 职业化烟农的义务

**第二十一条** 认真学习烟叶生产和管理知识，接受各种技术培训。

**第二十二条** 在烟叶生产技术员的指导下认真做好大田管理工作。

**第二十三条** 在烟叶收购过程中做好分级扎把、积极配合搞好预检预验工作，并严格遵守收购秩序。

**第二十四条** 遵守烟叶生产发展中的相关政策和法规。

**第二十五条** 严格遵守烤烟种植合同。

**第二十六条** 每年的烟叶种植面积不得低于10亩。

**第二十七条** 不得从事有损国家和集体利益的活动。

**第二十八条** 交纳除由烟草公司提供的农村社会养老保险金后剩余部分的资金。

**第二十九条** 其他应尽义务。

## 第六章 附则

**第三十条** 本实施细则由烟草公司负责解释，修改权归烟草公司。

**第三十一条** 本实施细则自公布之日起生效。

# 参考文献

1. 王东胜，刘贯山，李章海. 烟草栽培学. 合肥：中国科学技术大学出版社，2002

2. 中国烟草学会. 烟草栽培技术. 北京：科学普及出版社，1999

3. 黄友良. 四川省烟草志. 成都：四川人民出版社，2006. 11

4. 胡荣海，邵岩. 云南烟草栽培学. 北京：科学出版社，2007

5. 刘国顺，王彦亭等. 烟草栽培学. 北京：中国农业出版社，2003. 7

6. 中国烟叶生产购销公司. 烤烟分级国家标准培训教材. 北京：中国标准出版社，2005

7. 闫克玉，赵献章. 烟叶分级. 北京：中国农业出版社，2005